Bionik

Lernen von der Natur

NATUR · MENSCH · TECHNIK

Lehrbuch für den Lernbereich Naturwissenschaften

Herausgeber
Prof. Dr. Bernd Hill

DUDEN PAETEC Schulbuchverlag

Berlin · Mannheim

Reihe Natur · Mensch · Technik
Titel Bionik – Lernen von der Natur

Herausgeber der Reihe
Dr. habil. Bernd Raum
Dr. Gerd-Dietrich Schmidt

Herausgeber des Titels
Prof. Dr. Bernd Hill

Autoren
Knut Braun
Prof. Dr. Gerhard von der Emde
Dr. Deane Harder
Prof. Dr. Bernd Hill
Sebastian Klug
Prof. Dr. Werner Nachtigall
Dr. Jürgen Nieder
Dieter Oligmüller
Ivan Santibañez-Koref
Dr. Cornelius Schilling
Dr. Helmut Schmitz
Michael Stache
Prof. Dr. Helmut Tributsch
Prof. Dr. Hartmut Witte
Martin Zeuch

unter Mitarbeit von
Prof. Dr. Wilhelm Barthlott
Tatjana Hubel
Wolfgang Kempf
Dr. Anke Schmitz
Dr. Olga Speck
Prof. Dr. Thomas Speck

Der Abschnitt „3.4 Langlebige Bauteile" einschließlich der Fotos und Grafikvorlagen wurde von Prof. Dr. Claus Mattheck, Dr. Iwiza Tesari und Roland Kappel, Forschungszentrum Karlsruhe GmbH, verfasst.

Dieses Lehrbuch enthält Vorschläge und Anleitungen für **Untersuchungen** und **Experimente.**
Vor jedem Experiment sind mögliche Gefahrenquellen zu besprechen. Die Gefahrenstoffe sind mit den entsprechenden Symbolen gekennzeichnet.
Experimente werden nur auf Anweisung der Lehrkraft durchgeführt. Solche mit Gefahrenstoffen dürfen nur unter Aufsicht des Lehrers oder der Eltern durchgeführt werden.
Beim Experimentieren sind die Richtlinien zur Sicherheit im naturwissenschaftlichen Unterricht einzuhalten.

1. Auflage *
1 8 7 6 5 4 | 2013 2012 2011 2010 2009
Alle Drucke dieser Auflage können im Unterricht nebeneinander benutzt werden.
Die letzte Zahl bezeichnet das Jahr dieses Drucks.

Internet www.duden.de

Redaktion Dr. Solveig Schmitz
Umschlaggestaltung Britta Scharffenberg
Layout Denise Faber, Manuela Liesenberg
Grafik und Karten Diener/Gluszak, Denise Faber, Rainer Fischer, Christiane Gottschlich, Martha-Luise Gubig, Manuela Liesenberg, Jens Prockat, Walther-Maria Scheid
Titelbild Händedruck – Mensch trifft Technik; Superstock/mauritius images
Druck und Bindung Saaledruck Naumburg GmbH

ISBN 978-3-8355-3018-8

Inhaltsverzeichnis

Bildquellenverzeichnis

akg-images: 30/1; akg-images/Doris Poklekowski: 9/3; Prof. W. Barthlott, Nees-Institut, Universität Bonn: 41/1,3; 42/1,2; 43/3; 44/1,2; 46/2; Bildagentur Waldhäusl/Molnar-Reitmeyer Hans: 57/1; blickwinkel/H. Schmidtbauer: 34/3; blickwinkel/F. Poelking: 39/3; blickwinkel/UliPreuss: 8/3; Karl Blossfeld: 34/2; Otto Bock HealthCare: 82/1; Knut Braun, Saarbrücken: 13/1b; 14/3; Continental AG: 14/2; CorelPhotos: 27/3b; 45/; 47/2a,b,e,f; 50/1a,e,g; 55/1; 56/2; 67/2; 68/1; 70/2; 72/2; 76/1; 92/1b,c; DaimlerChrysler AG: 14/1a,b; 59/2; Deutsches Technikmuseum Berlin: 10/3; DLR: 83/2; DUDEN PAETEC GmbH: 9/1; 11/3; Gerhard von der Emde, Bonn: 84/2; 89/1; Erlus AG: 43/2; eye of science/Agentur Focus: 5/; 12/2b; Frahm, Klaus/artur architekturbilder agentur: 52/2; Fraunhofer Institut für Produktionstechnik und Automatisierung : 76/2a; Fraunhofer UMSICHT: 20/3; 39/2; FZI Karlsruhe: 68/2; Getty images: 82/2; Deane Harder, Freiburg: 35/1; Bernd Hill, Herrenhof: 32/2; Honda Europe Motor GmbH: 76/2b; 81/1; Huber/panthermedia: 12/2a; Sebastian Karpp: 91/2; Claudia Kilian, Berlin: 47/1; Sebastian Klug, Darmstadt: 68/3; Jens-Ulrich Koch/ddp: 67/1; Detlef Langermann, Berlin: 24/1; Lauflabor der Universität Jena (www.lauflabor.de): 80/1; Günter Liesenberg, Berlin: 20/1; 26/2; 41/2; 47/2c; Karlheinz Lutzmann/printbig: 34/1; H. Mahler, Fotograf, Berlin: 19/3; 69/2a,b; Prof. Dr. Claus Mattheck, Forschungszentrum Karlsruhe GmbH: 59/1a, b; 60/1; 61/2; 63/1; mauritius images/Workbookstock.com: 64/1; MBerg/panthermedia: 54/1a; Nadine Mitschunas, Zentrum für Umweltforschung u. Umwelttechnik (UFT) Bremen: 33/2; Werner Nachtigall, Saarbrücken: 27/2; 28/2b; NASA LaRC: 75/1; Dieter Oligmüller, Bochum: 48/1a, 2; 50/1b,c; 51/1,2; Panthermedia.net: 6; Photo Disc. Inc.: 20/2; 53/1; 69/1; Photoshere: 50/1h; picture-alliance/dpa: 11/2; 12/3; 13/1a,2; 30/1; 48/1c; 49/2; picture-alliance/KPA/HIP/Ann Ronan Picture Library: 8/1; 26/4; picture-alliance/OKAPIA KG Germany: 53/2; 8/2; 26/3; Plant Biomechanics Group Freiburg: 36/1,3; 38/3; 39/1; Jens Prockat, Berlin: 26/1; Bernd Raum, Neuenhagen: 47/2d; Ingo Rechenberg: 70/1; 72/1; 75/2–4; 94/1–3; Anke Schmitz, Swisttal-Buschhoven: 86/3; Helmut Schmitz, Swisttal-Buschhoven: 87/1,2; 88/2; Solveig Schmitz, Berlin: 10/2; Wolfgang Schreier, Leipzig: 9/2; Michael Stache, Berlin: 74/1; Otto Stadler/Das Fotoarchiv: 40/1a; Sto AG: 56/3a,b,c; Mike Stubenrauch, Ilmenau: 33/3; Tierbildarchiv Angermeyer: 89/2; 90/1; 92/1d; TINA/panthermedia: 38/1; Helmut Tributsch, Berlin: 54/1b,2; 56/1; 58/1; TU München: 78/1; ullstein – Roger Viollet: 50/1f; Dana Voges, Ilmenau: 80/2; Michael Vollertsen/printbig: 49/1; G. Winkler/www.gekkomat.de: 7/; Lena Zentner, Illmenau: 25/1a.

Bionik – Lernen von der Natur

Bionik betreiben – was bedeutet das? Umgangssprachlich könnte man sagen: „Anregungen aus der belebten Welt technisch umsetzen." Das geht aber nicht so einfach. MAX PLANCK hat einmal gesagt: „Dem Anwenden muss das Erkennen vorausgehen." Somit braucht man zwei Arbeitsrichtungen. Eine, die Erkenntnisse schafft, und eine, die sie technisch umsetzt. Die erste nennen wir *Technische Biologie,* die letztere *Bionik* (im engeren Sinne). Die von der Biologie erarbeiteten Ergebnisse würden hinter den Buchrücken der Bibliotheken verschwinden, würden sie nicht von der Bionik technisch weitergeführt und umgesetzt. Anderseits kann Bionik nichts umsetzen, wenn nichts bekannt ist. Die beiden Arbeitsrichtungen gehören zusammen wie Kopf und Zahl einer Münze oder wie Bild und Spiegelbild. Manche Wissenschaftler fassen sie auch zusammen unter dem gemeinsamen Begriff „Bionik im weiteren Sinne".

Die **Technische Biologie** untersucht und beschreibt Konstruktionen, Verfahrensweisen und Evolutionsprinzipien der Natur unter Einbeziehung der Analysen- und Deskriptionsverfahren von Physik und Technik. Sie ist also eine biologische Disziplin, in der Grundlagenforschung gemacht wird. Sie beinhaltet eine zivilisatorisch-kulturelle Aufgabe. Um diese angemessen durchzuführen und die Ergebnisse adäquat zu formulieren, macht sie Anleihen bei physikalisch-technischen Nachbardisziplinen.

Die **Bionik** durchforstet das Reservoir an Konstruktionen, Verfahrensweisen und Evolutionsprinzipien der belebten Welt im Hinblick auf Anregungen für eigenständig technisches Gestalten. Bionik ist also eine grenzüberschreitende Disziplin, die Ergebnisse der Grundlagenforschung einer technischen Anwendung zuführt. Sie sichtet und überträgt zwar die Vorbilder der Natur, kopiert sie aber nicht. Sie beinhaltet eine praktische Notwendigkeit.

Die Natur bietet dem Techniker also keine fertigen Blaupausen. Die Natur zu kopieren wäre unwissenschaftlich. Sie zu ignorieren wäre allerdings nicht nur unklug, sondern geradezu unverzeihlich. Bewusster Wissensverzicht ist eine der Todsünden in der Naturwissenschaft. Recht verstanden bietet die Bionik dem Naturwissenschaftler, Ingenieur und Techniker unserer Zeit, der verantwortungsbewusst nach bestmöglichen, umweltverträglichen Lösungen sucht, in vielen Bereichen eine Fülle von Anregungen, oft gekoppelt mit massiven Herausforderungen.

Die hier angesprochene Problematik sei an einem Beispiel aus der Nanobiotechnologie verdeutlicht: „Nanotechnologie" nennt man Verfahren, im Nanobereich, also in der Größenordnung von 1 milliardstel Meter, zu messen und zu gestalten. Bei der „Nanobiotechnologie" geht es dabei um biologische Vorbilder, beispielsweise um organische Moleküle. Wenn man nun solche Moleküle an eine technische Oberfläche hängt, so ist das noch keine Bionik, auch wenn es sich z. B. um Cellulose handelt. Anders ist das bei der folgenden Überlegung: Geckos haften an glatten Flächen bekanntlich erstaunlich gut. Sie tun das mit allerfeinsten Verzweigungen von Haftborsten, mit denen ihre Zehen besetzt sind. Nun könnte man sagen: Lasst uns mal eine Blechoberfläche mit organischen Molekülen besetzen, die so fein sind wie die allerfeinsten Haftverzweigungen eines Geckos; vielleicht haftet das Blech dann genauso gut an einer glatten Fläche wie die Geckozehe! Das wäre eine naturinspirierte technische Vorgehensweise und somit eine bionische Übertragung.

Von Bionik kann immer dann gesprochen werden, wenn die Anregungen aus der Natur gekommen sind.

In Bionikbüchern heißt es üblicherweise, den Begriff „bionics“ habe ein amerikanischer Luftwaffenmajor 1960 geprägt. Der deutsche Begriff „Bionik“ sei ein Kunstwort, zusammengezogen aus den Anfangs- bzw. Endsilben der beiden Worte „Biologie“ und „Technik“. Die letztere Ableitung ist im strengen Sinne nicht nachweisbar, hat sich aber eingebürgert.
Die folgende Definition ist mit den Teilnehmern der Tagung „Analyse und Bewertung zukünftiger Technologien: Technologieanalyse Bionik“ des VDI, Düsseldorf 1993, erarbeitet worden:

„Bionik als Wissenschaftsdisziplin befasst sich systematisch mit der technischen Umsetzung und Anwendung von Konstruktionen, Verfahren und Entwicklungsprinzipien biologischer Systeme.“

In den Folgejahren hat sich gezeigt, dass diese strikte Definition zu sehr einengt, gerade wenn man aufblühende Teilgebiete der Systemik, Selbstorganisation, Organisation und Interaktion einschließlich der kausalen Ökologie und der Soziobiologie betrachtet. Entsprechend wurde noch der Satz angefügt:

„Dazu gehören auch Aspekte des Zusammenwirkens belebter und unbelebter Teile und Systeme sowie die wirtschaftlich-technische Anwendung biologischer Organisationskriterien.“

Mensch – Umwelt – Technik: Diese Facetten sollten zwar einheitlich zusammengehören, doch laufen sie heute bekanntlich noch weit auseinander. Es gibt noch viel zu viele Negativbeziehungen in diesem Gefüge. Bionik ist nun sicher kein Allheilmittel, aber sie könnte ein Werkzeug sein, eines von vielen, die Zukunftsvision einer besseren Ausgewogenheit und positiveren Verzahnung nicht ganz unmöglich erscheinen zu lassen. Akzeptiert man diese Sichtweise, könnte man auch sagen:

„Bionik betreiben bedeutet Lernen von den Konstruktions-, Verfahrens- und Entwicklungsprinzipien der Natur für eine positivere Vernetzung von Mensch, Umwelt und Technik.“

1 Bionik – eine zukunftsorientierte Wissenschaft

Bionik – eine Wissenschaft unserer Zeit?

Vieles deutet darauf hin, dass die Bionik in Zukunft eine immer größere Bedeutung haben wird. Sie entwickelt sich rasant und die Forscher entnehmen immer mehr Anregungen aus der Natur für die Lösung technischer Probleme. Aber auch früher hat man sich an Vorbildern aus der Natur orientiert.

Welche Beispiele für die bionische Herangehensweise gibt es in der Geschichte? Welche Entwicklung hat die Bionik genommen?

Ingenieurbüro Natur

Die belebte Natur präsentiert sich Technikern und Ingenieuren als ein riesiger Pool voller Lösungen für ihre Aufgabenstellungen. Sie liefert Anregungen für technische Produkte und sogar Gebäude.

Wo wendet man heute überall Prinzipien der Bionik an? In welchen Bereichen der Forschung und der technischen Entwicklung lässt sich Bionik nutzen?

Eine einheitliche Wissenschaft?

Wissenschaftler, die sich mit der Bionik beschäftigen, kommen aus ganz verschiedenen Fachrichtungen. Biologen, Informatiker, Maschinenbau-Ingenieure, Architekten und andere nutzen die bionische Vorgehensweise, um ihre jeweiligen Fragestellungen zu beantworten. Die Bionik lässt sich in ganz unterschiedliche Teilgebiete gliedern.

Welche Teilgebiete der Bionik gibt es? Wo liegen ihre Schwerpunkte?

1.1 Entstehung und Entwicklung der Bionik

Seit die ersten Menschen vor fast 4 Millionen Jahren die Erde bevölkerten, haben sie sich an der Natur orientiert und von ihr gelernt. So nutzten sie zunächst wenig veränderte Materialien wie Holz, Stein, Knochen und Zähne als Werkzeuge. Sie beobachteten ihre Umwelt sehr genau, z. B. um rechtzeitig vor Katastrophen fliehen zu können.

Aus der **Antike** kennen wir die Sage von Dädalus und seinem Sohn Ikarus. Beide wurden von König Minos in ein Labyrinth gesperrt. Ein Entkommen war nur durch die Luft möglich und so konstruierte Dädalus mit Wachs verklebte Flügel aus Vogelfedern. Während Dädalus sicher landete, kam Ikarus, der vom Fliegen so begeistert war, der Sonne zu nahe und stürzte ab. Schon diese Sage zeigt, dass ein bloßes Kopieren der Natur nicht zum Erfolg führen kann.
Einer der ersten „Bioniker" war wohl **Leonardo da Vinci** (Abb. 2). Er schrieb 1505 das Werk „Sul volo degli uccelli" (Über den Vogelflug) und konstruierte nach seinen Beobachtungen Schlagflügel-Fluggeräte (Abb. 3). Die Versuche scheiterten zwar, das war aber wegen der damaligen Möglichkeiten nicht anders zu erwarten. Inspiriert von Leonardos Vogelstudien entwickelte der türkische Gelehrte Hezarfen Ahmed Celebi (1609–1649) ein Fluggerät, mit dem er 1647 vom Galata-Turm in Istanbul über den Bosporus flog.
Etwa ein Jahrhundert später begründete der italienische Arzt und Mathematiker Giovanni Alfonso Borelli (1608–1679) eine neue Forschungsrichtung, indem er als Erster eine technisch-experimentelle Analyse von Fortbewegungsvorgängen bei Tieren vornahm und dokumentierte. Damit gilt er als Begründer einer von uns heute als Biomechanik bezeichneten Wissenschaft, der für bionisches Arbeiten ein großer Stellenwert zukommt (Abb. 1).

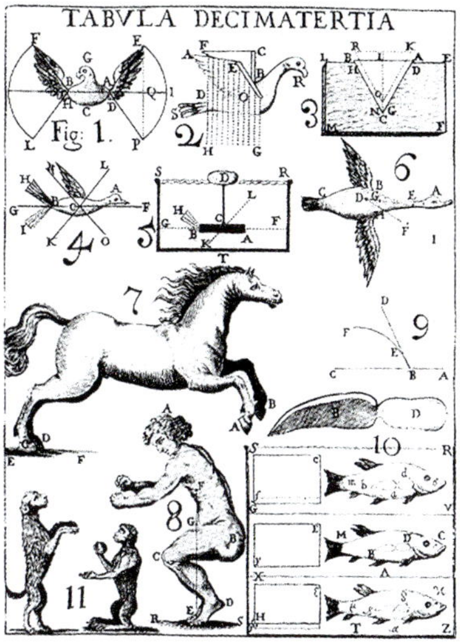

1 **Skizzen zur Biomechanik der Bewegung aus Giovanni Borellis Werk *De motu animalium***

2 **Leonardo da Vinci (1452–1519)**

3 **Modell einer Flugmaschine von Leonardo da Vinci, ausgestellt im Museo Leonardino in Vinci, Italien**

1 **Der Schiffsingenieur Sir MATTHEW BAKER nahm sich Dorsche und Makrelen zum Vorbild für den Bau leichterer und damit besser zu manövrierender Galeonen für die englische Flotte.**

2 **Der Wiesenbocksbart gehört wie der Löwenzahn zu den Korbblütlern, deren Samen durch den Wind verbreitet werden.**

3 **Die Albatros von J.-M. LE BRIS**

In die Zeit der Seekriege (1573–1588) zwischen England und Spanien fällt die Konstruktion neuartiger Kriegsschiffe nach Vorbildern aus dem Meer.
GALILEO GALILEI (1564–1642) beschäftigte sich in seinem 1637 erschienenen Buch „Discorsi e dimonstrazioni matematichi" mit Bionik. Er untersuchte den mechanischen Aufbau von Pflanzen im Vergleich zu technischen Konstruktionen.

Ein weiterer Vorreiter der Bionik war Sir GEORGE CAYLEY (1773–1857), Engländer und Landedelmann, der sich der Flugphysik verschrieben hatte. Damals nannte man das „aeronautics". Auf ihn gehen der Bau des ersten autostabilen Flugmodells und die Entwicklung des ersten praktikablen Fallschirms zurück. Vorbild für sein Fallschirmmodell war der Wiesenbocksbart (Abb. 2), dessen Samen er 1829 studierte und erkannte, warum sie stabil fallen. Ihr Schwerpunkt liegt weit unten und die tragende Fläche ist nicht eben, sondern nach außen hochgezogen. Auch bei CAYLEYS Fallschirm liegt der Schwerpunkt weit unten und die Tuchflächen werden an den Außenrändern nach oben gezogen.

Mitte des 19. Jahrhunderts studierte in Frankreich CLÉMENT ADER das Flugverhalten von Fledermäusen. Nach den dabei gewonnenen Erkenntnissen konstruierte er eine Flugmaschine, die er „Eole" nannte und mit der er am 9. Oktober 1890 erfolgreich über eine Strecke von mehr als 50 m flog. Schon einige Jahre vor ADER – im Jahre 1856 – erhob sich ein weiterer Franzose, der Bretone JEAN-MARIE LE BRIS, mit einer Flugmaschine in die Lüfte, die auf das Studium des Albatrosflugs zurückgeht. Er ist damit der erste Mensch, der mit einer Maschine flog, die schwerer ist als Luft (Abb. 3).

Im Jahre 1851 konstruierte der englische Architekt Sir JOSEF PAXTON anlässlich der Weltausstellung in London den Crystal Palace. Als Vorbild für das Gebäude diente ihm das Tragesystem der Riesenseerose Victoria amazonica. Dieses Prinzip sichert der Pflanze bei geringstem Materialeinsatz ein größtmögliches Maß an Stabilität (s. S. 8 oben, Mitte).

Alle bisher erwähnten „Bioniker" waren Bewohner der „alten" Welt, Europas. Aber auch in der „neuen" Welt, in Amerika, gab es Menschen, die sich die Natur zum Vorbild für ihre Entwicklungen nahmen. Im Jahre 1868 reichte MICHAEL KELLY in Texas eine Idee zum Patent ein. KELLY nahm sich den Osagedorn (Abb. 1) als Vorbild. Dieser mit Dornen versehene Strauch eignete sich hervorragend dafür, Vieh auf vorgegebenen Plätzen zu halten. KELLY bildete das Prinzip aus Draht nach und ließ es als „stacheligen Draht" patentieren. Im Jahre 1874 ließen GLIDDEN und HAISH eine etwas geänderte, aber billigere Variante von KELLYS Draht patentierten und gelten seither als die Erfinder des Stacheldrahts.

1 Der Osagedorn, Vorbild für den Stacheldraht

Sicherlich darf man auch OTTO LILIENTHAL in der Reihe der Vorreiter der Bionik nicht vergessen. Er studierte den Flug der Störche und war Hersteller der ersten **Flugapparate,** mit denen er bereits in den Jahren 1891–1896 erfolgreich Gleitflüge durchführte (Abb. 2). Sein Buch „Der Vogelflug als Grundlage der Fliegekunst" von 1889 ist unbestritten ein Klassiker bionischer Literatur.

Im Folgenden sollen nun weitere Beispiele bionischer Forschung aus jüngerer Zeit vorgestellt werden, die sich nicht nur mit der Fortbewegung an Land, im Wasser und in der Luft beschäftigen.
IGO ETRICH, ein österreichischer Ingenieur, konstruierte 1906 einen Nurflügelgleiter, dessen Vorbild der Samen eines Kürbisgewächses aus Südostasien war. Er hatte die Samen dieser Pflanze bei einem Besuch bei HAGENBECK in Hamburg entdeckt. Die Samen dieser Frucht (s. S. 27, Abb. 2) haben eine Spannweite von bis zu 20 cm und können bei günstigen Voraussetzungen mehrere Kilometer weit gleiten.
Im Jahre 1909 entwickelte ETRICH zusammen mit dem deutschen Ingenieur EDMUND RUMPLER eine motorisierte Variante, die Rumpler-Etrich-Taube (Abb. 3), die sich am Naturvorbild Taube orientierte.

2 Mit dem Monogleiter von 1893 flog OTTO LILIENTHAL von einer 60 m hohen Erhebung 250 m weit.

3 Die Rumpler-Etrich-Taube wurde im Jahr 1910 von EDMUND RUMPLER nach Plänen von IGO ETRICH konstruiert.

1 Die Mohnkapsel öffnet sich erst, wenn die Samen reif sind. Dann streut sie sie gleichmäßig aus.

Eines Tages stand der Botaniker RAOUL FRANCÉ vor der Aufgabe, Boden gleichmäßig mit Kleinstlebewesen zu beimpfen. Er versuchte dies mit den verschiedensten Methoden, mit Sieben, Zerstäubern und Streuern, und erinnerte sich des Gedankens „Von der Natur lernen". So landete er bei der Mohnkapsel (Abb. 1) als Vorbild. Aufgrund der hier gewonnenen Erkenntnis ließ er sich im Jahre 1920 einen „neuen Streuer" patentieren. Historisch gesehen hat FRANCÉ das erste bionische Patent in Deutschland erhalten. Er schrieb zwei Klassiker der Bionik: „Die technischen Leistungen der Pflanze" im Jahre 1919 und „Die Pflanze als Erfinderin" 1920. Gleichzeitig ist er der Schöpfer des Begriffs „Biotechnik", der zu Beginn des 20. Jahrhunderts als Synonym für den heutigen Bionikbegriff stand. Etwa zur gleichen Zeit untersuchte auch ALF GIESSLER die Natur auf mögliche Anregungen für technische Entwicklungen. Er publizierte seine Erkenntnisse in dem 1939 erschienenen Werk „Biotechnik".

2 Klettfrucht, Vorbild für den Klettverschluss

Das wohl verbreitetste „Bionik"-Produkt kennen und nutzen heute Menschen in aller Welt: den **Klettverschluss.** Im Jahre 1948 entdeckte der Schweizer Wissenschaftler GEORGE DE MESTRAL das Prinzip für diesen Verschluss. Er kam mit seinem Hund von der Jagd zurück und beide waren voller Kletten.
DE MESTRAL untersuchte den Haltemechanismus der Klettfrucht unter dem Mikroskop, baute ihn nach und ließ ihn unter dem Namen VELCRO patentieren (Abb. 2 u. 3).

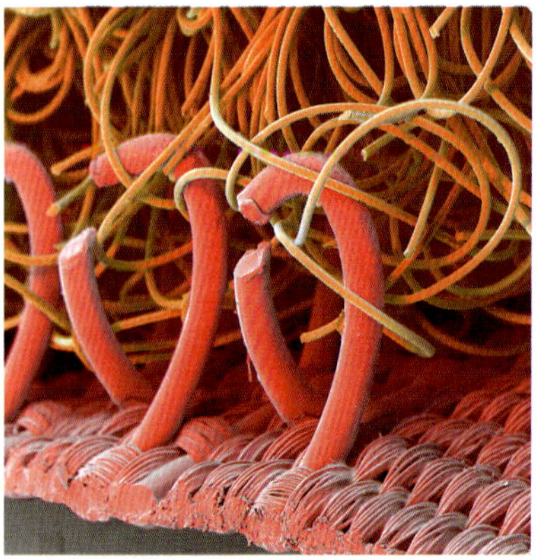

3 Wie eine Klettfrucht verhaken sich die aufgeschnittenen Schleifen des Stoffs mit dem Gegenstück.

Kraken bewegen sich durch eine ganz besondere Antriebsart vorwärts. Sie kontrahieren kräftig ihren Mantel und stoßen durch den sogenannten Siphon unter Druck einen Wasserstrahl aus, der sie bei Gefahr dazu befähigt, schnell zu entkommen („Rückstoßprinzip"). Man könnte das System als „Wasserreaktor" bezeichnen. Der bekannte Tiefseeforscher JEAN-YVES COUSTEAU konstruierte zusammen mit dem Ingenieur JEAN MOLLARD 1959 – inspiriert durch das Studium der Kraken – sein erstes Unterwasser-Forschungsboot, die „Soucoupe plongeante SP 350" (Abb. 4).

4 Die „tauchende Untertasse" von J.-Y. COUSTEAU. Die Idee für den Antrieb stammt vom Kraken.

In den 1970er Jahren untersuchte der Paläontologe WOLF REIF in Tübingen die Schuppen von Haien. Er stellte dabei fest, dass schnell schwimmende Haie (z. B. Seidenhaie und Makos) eine besondere Struktur auf der Schuppenoberfläche besitzen (Abb. 1). Die zwischen 0,15 und 0,5 mm großen Schuppen zeigten nämlich unter dem Mikroskop feinste Längsriefen, die sich in Strömungsrichtung über den Haikörper entlangziehen. REIF war klar, dass diese Strukturen eine Bedeutung haben müssen, und wandte sich mit diesem Problem an den Strömungsmechaniker WOLFGANG BECHERT beim Deutschen Zentrum für Luft- und Raumfahrt (DLR) in Berlin.

BECHERT baute diese **Schuppenstrukturen** künstlich nach und untersuchte sie in verschiedenen Strömungskanälen. So konnte bewiesen werden, dass diese Strukturen der Verminderung des Widerstandsbeiwerts dienen. Das Ergebnis dieser Forschung ist heute als **Ribletfolie** zur Verminderung des c_W-Werts bei Flugzeugen und anderswo im Einsatz (Abb. 2). Die Spritersparnis bei Langstreckenflügen liegt bei etwa 4–5 %. Mit dem Airbus A 380 können so pro Langstreckenflug um die 4200 l Kerosin eingespart werden, was sowohl aus ökonomischer als auch aus ökologischer Sicht durchaus bedeutsam wäre. Weil der Aufwand für das Aufbringen der Folie sehr hoch ist, wird damit experimentiert, die Oberfläche der äußeren Bauteile mithilfe von Lasern zu strukturieren.

Ein bedeutendes Beispiel bionischer Forschung in Deutschland war und ist sicherlich der **Lotuseffekt** (s. S. 40), entdeckt von WILHELM BARTHLOTT, einem Botaniker der Universität Bonn. Entgegen der landläufigen Meinung „glatt ist gleich sauber" fand der Forscher heraus, dass auf der Blattoberfläche noppenförmige Strukturen vorhanden sind, aufgrund derer Tropfen abperlen.
Hinweise auf diesen Effekt finden sich bereits in 2000 v. Chr. gefertigten Sanskritschriften. Und auch JOHANN WOLFGANG VON GOETHE hatte dieses Phänomen bei verschiedenen Pflanzen beobachtet. Er schrieb: „Regentropfen bleiben auf gewissen Blättern kugelrund und klar stehen, ohne zu zerfließen, welches wir wohl billig irgendeinem ausgedünsteten Wesen zuschreiben."

Alle großen Automobilhersteller beschäftigen sich nach anfänglicher Skepsis heute mit Bionik. So werden beispielsweise Motoraufhängungen nach bionischen Prinzipien mit Programmen optimiert, die von Bäumen „abgeschaut" wurden (s. S. 59). Es gibt inzwischen solchermaßen optimierte Felgen, das Inlet der Türverkleidungen von Kraftfahrzeugen zeigt bionische Ansätze – hier haben Bioniker der Universität Freiburg wesentlich mitgearbeitet – und im Jahr 2005 wurde nach fast 6-jähriger Entwicklungszeit der „Bionic Car" nach dem Vorbild des Kofferfischs präsentiert (S. 14, Abb. 1).

1 Der Ribleteffekt: ein Schwarzspitzenhai (oben) und technische Nachbildungen seiner Schuppenstruktur (unten)

2 Im Jahr 2000 sorgte eine Weiterentwicklung der Riblets für Aufmerksamkeit: Bei den Olympischen Spielen in Sydney sind erstmals Athleten der USA und Australiens mit einem „Fastskin-Suit", der ähnliche Eigenschaften wie die Haifischhaut hatte, an den Start gegangen.

1 „Bionic Car" von DaimlerChrysler: Die Idee kommt aus dem Meer.

Ein Reifenhersteller bietet zwei „bionische" Autoreifen an: einen nach dem Vorbild Katzenpfote (s. S. 39), den anderen nach dem **Bienenwabenprinzip.** Feine Lamellen im Gummi sind typisch für Winterreifen, weil sich beim Beschleunigen oder Bremsen ihre Kanten aufstellen und auf Schnee einen gewissen Widerstand bieten. Das Bienenwabenprinzip mit seinem sechseckigen Muster ermöglicht erstmals auch Kanten, die quer zur Laufrichtung verlaufen, was die Kurvenfahrt deutlich sicherer macht (Abb. 2). Ein anderer Reifenhersteller arbeitet an Reifen, deren Vorbild die Fußsohlen von Baumfröschen sind. Die Tiere haften selbst an glatten Wänden, können sich aber zum Absprung mühelos wieder lösen. Unter jeder Zehe befinden sich winzige Hügel und Rillen. Eine Drüse füllt die schmalen Zwischenräume mit Sekret.

2 „Bionischer" Winterreifen – die Wabenstruktur verleiht ihm einen besseren Grip.

In diesem Zusammenhang sind Untersuchungen am Gecko von großem Interesse. Es gibt bereits den „Gekkomaten" als Prototyp, der es einem Menschen ermöglicht, an Wänden hochzuklettern. US-Forscher haben 2002 im Auftrag der NASA synthetische Hafthaare hergestellt, die sich z. B. für Roboter oder als Klebstoffe in der Chirurgie einsetzen lassen könnten. Auch am Max-Planck-Institut für Metallforschung in Stuttgart arbeiten Forscher seit Jahren an Haftsystemen nach dem Vorbild des Geckos (Abb. 3).

Bei allen Möglichkeiten, die die Bionik uns heute bietet, muss zum Abschluss doch festgestellt werden:
- Traditionelles ingenieurmäßiges Konstruieren bildet weiterhin die Grundlage technischer Entwicklungen.
- Bionik kann als ein Werkzeug gesehen werden, das den Ingenieur dazu anhalten soll, durch das Studium der Natur zu neuen Ideen zu gelangen.
- Bionik ist nicht a priori die prinzipiell natürlichere und umweltverträglichere Variante der Technik.

Der in den letzten Jahren enorm gestiegene Wissenszuwachs im Bereich biologischer Strukturen und Organismen sowie enormer technologischer Fortschritt lassen erwarten, dass die Bionik in nicht allzu weiter Zukunft gute Aussichten hat, biologische Konstrukte mithilfe hoch entwickelter Steuer- und Produktionsmethoden in technische Anwendungen umzusetzen.

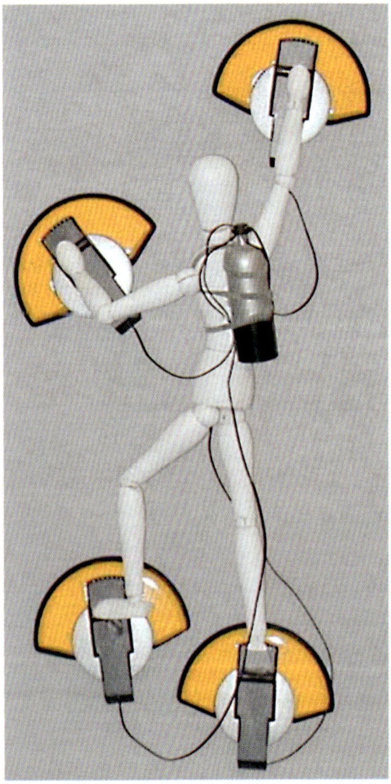

3 Prototyp eines künstlichen Geckos

1.2 Teilgebiete der Bionik

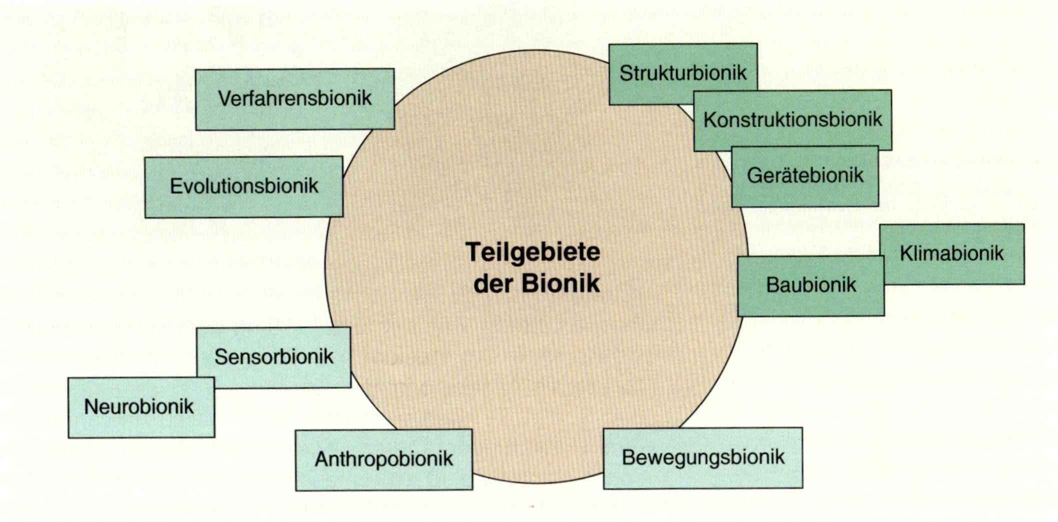

1 Zwischen den Teilgebieten der Bionik gibt es Berührungspunkte und Überschneidungen.

So vielfältig wie die Vorbilder aus der Natur, so vielfältig sind die Einsatzmöglichkeiten der Bionik. Sie lässt sich in verschiedene Teilgebiete gliedern, zwischen denen es zu Überlappungen kommen kann. Die **Teilgebiete der Bionik** können folgendermaßen charakterisiert werden:

Strukturbionik (s. S. 35)
Biologische Strukturelemente werden untersucht, beschrieben und verglichen. Die Eignung bestimmter, auch unkonventioneller Materialien für spezielle Zwecke wird betrachtet. Auch ungewöhnliche, der Natur entlehnte Strukturen wie pneumatische Strukturen oder flächenüberspannende Membranstrukturen werden im Hinblick auf ihre Eignung für technische Großausführungen untersucht. Formbildungsprozesse im biologischen Bereich bieten neuartige technische Vorbilder, z. B. die Schalen von Kieselalgen für Kunstharzkuppeln.

Baubionik (s. S. 47)
„Natürliches" Bauen bedeutet zum einen eine Rückbesinnung auf traditionelle Baumaterialien, die auch von Tieren verwendet werden (z. B. Tonmaterialien mit ihren baubiologisch interessanten Eigenschaften). Andererseits gewinnt man aus dem Studium biologischer Leichtbaukonstruktionen Anregungen für technische Leichtbauten. Anregungen können von Seilkonstruktionen (Spinnennetzen), Membran- und Schalenkonstruktionen (biologischen Schalen und Panzern) und Flächennutzungen (Wabenprinzip) kommen. Wichtig sind Abstimmungen von einzelnen Wohnelementen in der Gesamtfläche, z. B. in ihrer Ausrichtung zur Sonne (S. 16, Abb. 1), in Analogie zu Blattüberdeckungen.

1 Rosetten-Baukonstruktionen:
a) Blattrosette beim Breitwegerich
b) im Grundriss rosettenförmige Wohnbaukonstruktion.

Klimabionik (s. S. 53)

Passive Lüftung, Kühlung und Heizung sind wesentliche Gesichtspunkte. Das Studium natürlicher Konstruktionen ebenso wie die Analyse primitiver Bauten z. B. in Zentralamerika und Nordafrika können zu unkonventionellen Anordnungen und Einrichtungen führen. Allein die Idealausrichtung zu Sonne und Wind, Dachformen, Einnischungen in die Erde, ideale Unterkellerung und Luftführung vom kühlen Erdreich in die sommerwarmen Räume, Luftumwälzung nach Art der Termitenbauten mit Gasaustausch unter Verwendung poröser Materialien und die Verwendung von Druckunterschieden wie bei Präriehundbauten könnten bis zu 80 % der (elektrischen) Energie zur sommerlichen Kühlung und 40 – 60 % der Energie zur Winterheizung sparen.

Konstruktionsbionik (s. S. 59)

Konstruktionselemente und Mechanismen werden aus den Bereichen der biologischen und technischen Welt analysiert und verglichen. Es wird herausgearbeitet, wie die Konstruktionselemente zu funktionierenden Gesamtkonstruktionen zusammenspielen. Es finden sich verblüffende Gemeinsamkeiten, so beispielsweise in Pumpkonstruktionen (Speichelpumpen bei Insekten, Wirbeltierherzen, technische Pumpen). Dabei spielen auch unkonventionelle Materialeigenschaften wie unterschiedliche Elastizitäten eine Rolle. So wurde nach dem biologischen Prinzip der statistischen Verhakung, wie es bei Kletten oder bei manchen Würmern ausgebildet ist, bereits eine Vielzahl unterschiedlicher Typen von Klettbändern entwickelt (s. S. 12), mit denen z. B. Schnürsenkel von Sportschuhen ersetzt werden können.

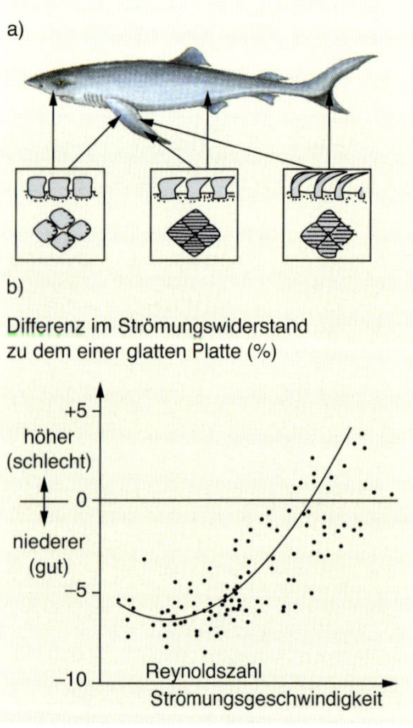

2 Haischuppen als technologisches Vorbild:
a) Schuppenstrukturen bei einem Hai, Seitenansicht und Draufsicht,
b) Ergebnis von Widerstandsbestimmungen an flachen Platten ohne und mit einer „künstlichen Haihaut".

Bewegungsbionik (s. S. 64)

Laufen, Schwimmen, Fliegen sind die Hauptfortbewegungsformen im Tierreich. Fragen der Strömungsanpassung bewegter Körper, des Antriebsmechanismus von Bewegungsorganen und ihrer strömungsmechanischen Wirkungsgrade stehen im Vordergrund. Auch Fragen der Oberflächengestaltung können interessante Anregungen geben. So senkt etwa die Oberflächenrauigkeit von Haien infolge ihrer Schuppenbedeckung (Abb. 2 a) ihren Strömungswiderstand (Abb. 2 b).

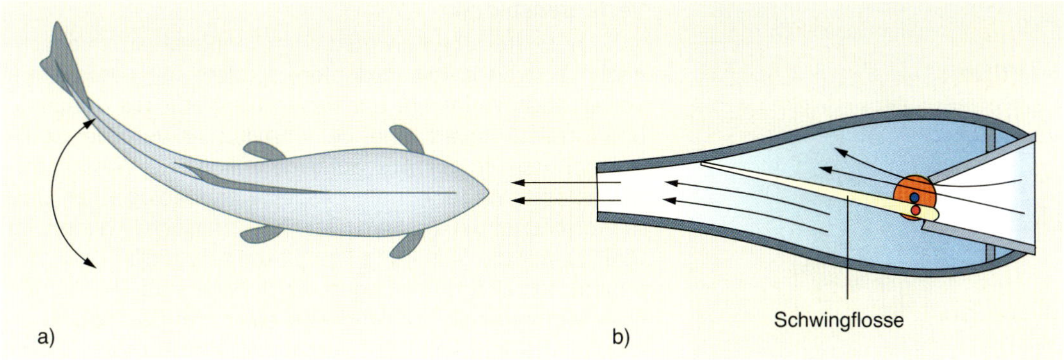

1 Die Bewegungsweise der Schwanzflosse bei der Forelle (a) diente als Vorbild für die Konstruktion einer nach dem Fischschwanz-Prinzip arbeitenden Flossenpumpe (b).

Gerätebionik

Dieses Teilgebiet der Bionik hängt zusammen mit den Disziplinen „Strukturbionik" und „Konstruktionsbionik". Es handelt sich um die Entwicklung einsetzbarer Gesamtkonstruktionen nach Vorbildern aus der Natur. Besonders im Bereich der Pumpen- und Fördertechnik, der Hydraulik und Pneumatik finden sich vielfältige Anregungsmöglichkeiten. So wurde die schwingende Schwanzflosse von Fischen (Abb. 1a) als Vorbild für eine Flossenpumpe genommen (Abb. 1b), die auch stark verschmutzte Abwässer fördert.

Anthropobionik (s. S. 78)

Der immer wichtiger werdende Problemkreis der Mensch-Maschinen-Interaktion und die vielfältigen Anwendungsmöglichkeiten der Robotik werden diesem Teilgebiet zugeordnet. Die bedienungsfreundliche Gestaltung der Cockpits moderner Verkehrsflugzeuge gehört ebenso dazu wie die Idealkonfiguration von Fahrrädern, mit denen mit besonders hoher Muskeleffizienz gefahren werden kann. Greifarmsteuerungen könnten durch vergleichendes Studium beispielsweise der Greif- und Beinbewegungen von Wirbellosen (Spinnen, Krebse, Insekten) auf unkonventionelle Weise gelöst werden (s. S. 25). Eine wichtige Grundlage der Anthropobionik ist die genaue Untersuchung der Bewegungen des Menschen im Zusammenhang mit seinem evolutiven Erbe.

Sensorbionik (s. S. 84)

Fragen der Beobachtung von physikalischen und chemischen Reizen sowie Ortung und Orientierung in der Umwelt gehören zu diesem Bereich. Das Problem, chemische Substanzen beispielsweise im Körper des Menschen (Stichwort: Zuckerkrankheit) oder bei großtechnischen Konvertern (Stichwort: Biotechnologie) zu kontrollieren, wird immer wichtiger. Sensoren der Natur, die für alle nur denkbaren chemischen und physikalischen Reize ausgelegt sind, werden heute verstärkt unter dem Gesichtspunkt einer Übertragungsmöglichkeit für die Technik analysiert. Als Vorbilder kommen z. B. Fische und Käfer infrage.

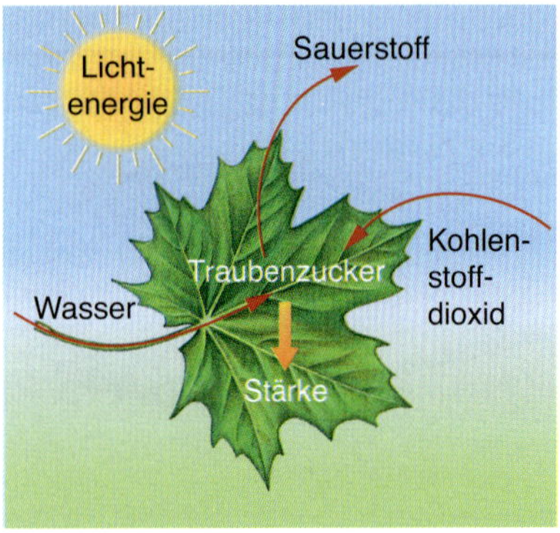

1 Bei der Fotosynthese wird Energie aus dem Licht der Sonne in chemische Energie umgewandelt. Um das biologische Prinzip in die Technik zu übertragen, müsste es gelingen, geeignete Moleküle in künstliche Membranen einzulagern, die die Energie des Sonnenlichts nutzen, um aus Wasser Wasserstoff und Sauerstoff freizusetzen.

Verfahrensbionik

Nicht nur natürliche Konstruktionen kann man auf ihre technische Verwertbarkeit abklopfen, sondern mit besonderem Vorteil auch Verfahren, mit denen die Natur die Vorgänge und Umsätze steuert. Eines der wesentlichen Vorbilder ist die Fotosynthese im Hinblick auf eine zukünftige Wasserstofftechnologie. Weiter könnten Aspekte der ökologischen Umsatzforschung mit großem Gewinn untersucht werden im Hinblick auf die Steuerung komplexer industrieller und wirtschaftlicher Unternehmungen. Schließlich sind die natürlichen Methoden des totalen Rezyklierens, des (fast vollständigen) Vermeidens von Deponiematerial, wert, in allen Details auf eine Übertragbarkeit abgeklopft zu werden.

Neurobionik

Datenanalyse und Informationsverarbeitung unter Benutzung intelligenter Schaltungen befinden sich in einer stürmischen Entwicklung. Insbesondere die Verschaltung von Parallelrechnern und die Entwicklung „neuronaler Schaltkreise" haben entscheidende Anregungen aus dem Bereich der Neurobiologie und der Biokybernetik bekommen. Da sich dieses Gebiet auch in Bezug auf die biologische Grundlagenforschung rasch weiterentwickelt, ist in den nächsten Jahren mit einer verstärkten Interaktion zum Nutzen beider Disziplinen zu rechnen. In der Informatik sind beispielsweise neuronale Netze bereits gut verankert.

Evolutionsbionik (s. S. 90)

Evolutionstechnik und -strategie versuchten die Verfahren der natürlichen Evolution in der Technik nutzbar zu machen. Insbesondere dann, wenn die mathematische Formulierung bei komplexen Systemen und Verfahren noch nicht so weit gediehen ist, dass rechnerische Simulierung möglich wäre, bleiben die Versuch-Irrtum-Ansätze der Evolutionsstrategie unverzichtbare Alternativen.

Ausblick

Die Untergliederung des Gesamtgebiets der Bionik und die illustrierten Beispiele zeigen, dass die Durchforschung der Natur auf der Suche nach technisch Übertragbarem eine große Zukunft hat. In manchen Aspekten ist bionisches Arbeiten schon ganz selbstverständlich in industrielle Forschung eingebaut. Andere Disziplinen stehen noch mehr oder minder am Anfang. Schließlich gibt es auch Technikgebiete, für die bionisches Arbeiten nichts bringt.

Bionik ist also kein Allheilmittel. Da aber in der Natur eine ungeheuer vielseitige Welt an Mechanismen, Verfahren und Entwicklungsprinzipien vorliegt, die nicht weniger real ist als die technische Welt des Menschen, wäre es unklug, sie in das Ringen um die bestmöglichen Linien des technischen Fortschritts nicht einzubeziehen.

Aufgaben

1. Die beiden Abbildungen veranschaulichen die Rolle der Bionik als anwendungsorientierte Wissenschaft.
   a) Formuliere mit eigenen Worten, was sich hinter dem Begriff Bionik verbirgt!
   b) Grenze die Bionik von der technischen Biologie ab!

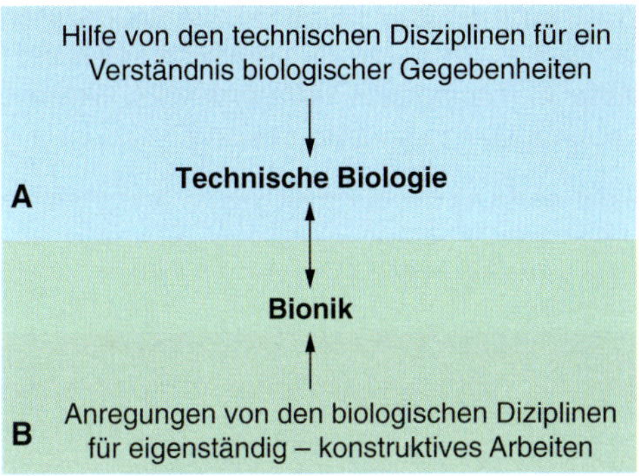

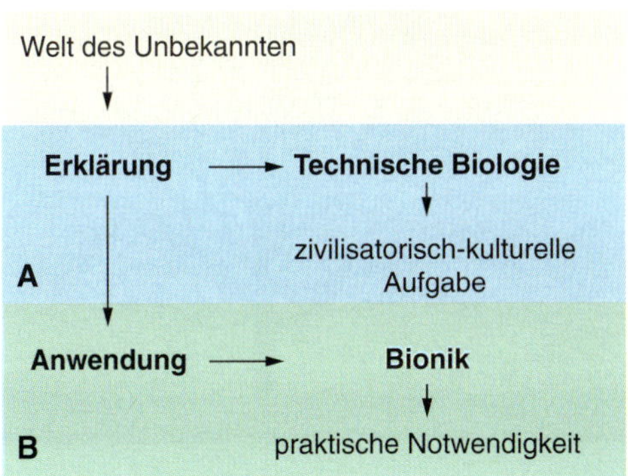

2. Informiere dich über die Geschichte des Fliegens von Leonardo da Vinci bis heute! Nutze die Bibliothek, das Internet und sieh auch auf Seite 74 in diesem Buch nach!
   Lege zu ausgewählten Ereignissen eine Tabelle nach folgendem Muster an:

Jahr	Ereignis/ Erfindung	Beteiligte Personen	Bezug zur Bionik/Vorbild aus der Natur
...			
um 1900	Nurflügelgleiter	I. Etrich	Zannonia-Gleitflug
...			

3. Verschafft euch im Laufe der Unterrichtseinheit einen Überblick über die Teilgebiete der Bionik! Legt dazu auf einem Plakat eine Tabelle an, die ihr nach und nach ausfüllen könnt! Ergänzt zu jedem Teilgebiet Informationen:
   - historische Daten
   - wichtigen Personen
   - Anwendungen
   - neueste Forschungen.

4. Informiere dich ausführlich über ein Teilgebiet der Bionik und stelle es mit einem Vortrag in der Klasse vor!

5. Nicht nur Formen und Konstruktionen aus der Natur dienen als Vorbild für die Technik. Auch natürliche Prozesse können Ideen für eine effizientere Nutzung von Energie und Material liefern.
   Die Vermeidung oder Wiederverwertung von Abfällen ist das Ziel moderner Abfallwirtschaft. Stelle Überlegungen an, wie diesem Ziel mithilfe der Natur nähergekommen werden kann!

6. Mit einem Fahrrad kann man an einem Tag 200 km fahren; diese Strecke kann man aber nicht laufen.
   a) Nenne Vorteile eines günstigen Mensch-Maschine-Zusammenwirkens!
   b) Formuliere weitere Beispiele!

7. Begründe die Aussage: „Bionik ist nicht die prinzipiell natürlichere und umweltfreundlichere Variante der Technik“! Diskutiere mit deinen Mitschülerinnen und Mitschülern!

2 Vorgehensweisen und Methoden der Bionik

Vorbild Natur

Die Natur hat einige Formen hervorgebracht, die immer wieder auftreten. So findet man Spiralen bei Schneckenhäusern, aber auch bei den Ranken von Pflanzen. Verästelungen sind typisch für die Wuchsform der Bäume. Sie treten aber ebenso bei unseren Blutgefäßen auf.

Welche grundlegenden Gestaltungsprinzipien haben sich in der Natur durchgesetzt? Was zeichnet diese Prinzipien aus? Warum sind sie für Tiere und Pflanzen besonders günstig?

Abschauen und Nachmachen?

Mit modernen Beobachtungsgeräten und Analysemethoden lässt sich genau untersuchen, wie Tiere und Pflanzen aufgebaut sind. Einige Fragen bleiben jedoch offen, und einfach nachbauen lassen sich die in der langen Zeit der Evolution entstandenen Strukturen nicht.

Warum lässt sich ein Baum nicht einfach nachbauen? Wieso können Menschen auch mithilfe von technischen Geräten nicht wie Vögel mit ihrer Muskelkraft fliegen?

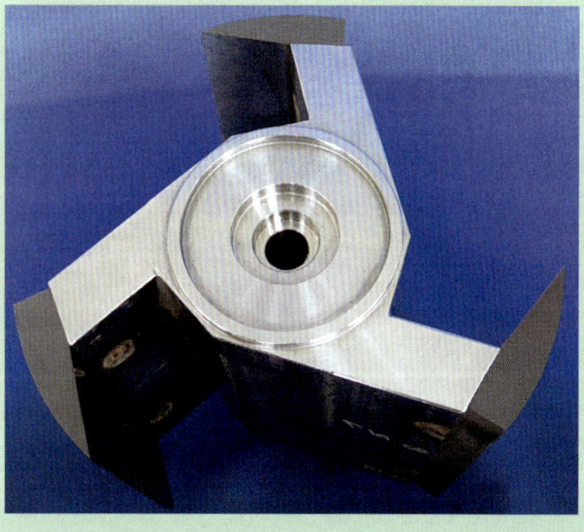

Forschen und Anwenden zugleich

Die Bionik schaut auf die Vorbilder der Natur und hat dabei immer die technische Umsetzung im Auge. Da einfaches Nachbauen der Natur nicht zu den gewünschten Geräten führt, haben Bioniker Vorgehensweisen entwickelt, um die Prinzipien der Natur zu verstehen und technisch umzusetzen.

Wie gehen Wissenschaftler und Ingenieure vor, wenn sie sich am Vorbild Natur orientieren?

2.1 Gestaltungsprozesse in der Natur

Nur wenn wir erklären können, wie etwas bei Lebewesen funktioniert, kann es im bionischen Entwurf mit den Möglichkeiten der Technik umgesetzt werden. Lebewesen haben immer eine mehr oder weniger bestimmte Form, die mit ihrer Lebensweise unter den jeweiligen Umweltbedingungen zusammenhängt. Leben ohne geformte Strukturen, die alle Grundfunktionen (d. h. die Merkmale des Lebens) wie Stoffwechsel, Energiewandlung und Verarbeitung von Informationen ausführen können, ist nicht existent. Vergleicht man den Körperbau verschiedener Lebewesen in Verbindung mit ihrem jeweiligen Lebensraum, ihrer Lebensweise und der Art ihrer Fortbewegung, stellt man Zusammenhänge fest, die als **Angepasstheit** bezeichnet werden (Abb. 1).

Der Zusammenhang zwischen Form und damit erfüllbaren Funktionen bietet ein Ordnungsprinzip für die Vielfalt von Gestaltmöglichkeiten in Natur und Technik.

Die **Gestalt** umfasst sowohl die äußere **Form** als auch den inneren Aufbau, die **Struktur** eines Lebewesens (s. S. 35). Sie lässt sich mit Begriffen der Geometrie recht genau beschreiben, soweit eine Hartstruktur den Körper stützt. Bei vielen Pflanzen ist das die Holzsubstanz, bei Gliedertieren der Chitinpanzer, bei Wirbeltieren das knöcherne Skelett im Innern. Die jeweilige Gestalt gilt als besonders günstig (optimal) zum Ausnutzen von Wirkungen, die auf einer bestimmten Geometrie beruhen, und kann zum Vorbild für technische Entwicklungen werden. Um Funktionen aus der Natur in der Technik nachzuvollziehen, muss der Zusammenhang zwischen Aufbau und Wirkungsweise verstanden sein.

1 **Unter ähnlichen Bedingungen entwickelt sich Ähnliches. Das Gestaltprinzip „Spirale" zeigt den unabhängig vom Verwandtschaftsgrad entstandenen Kompromiss zwischen Zuwachs an Körpergröße und Stabilität bei Einzellern (a – Kammertierchen) und Weichtieren (b – fossiler Ammonit, c – Nautilus, d – Schale einer Schnecke) bzw. einer funktionswichtigen Länge eines Organs und dessen Platzbedarf (e – Farnwedel; f – Schmetterlingsrüssel).**

Lebewesen	Technische Geräte
– dienen keinem bestimmten Zweck; ihre Aufgabe ist es, ihr Leben als Individuum zu erhalten und sich fortzupflanzen.	– werden zu einem bestimmten Zweck hergestellt.
– bestehen nicht aus vorgefertigten Teilen; Organe bilden sich aus gemeinsamem Material des Keimlings, einzelne Teile lassen sich nicht leicht abgrenzen, Teile erfüllen immer mehrere Funktionen.	– werden aus vorgefertigten Teilen zusammengesetzt, jedes Teil erfüllt eine bestimmte Funktion.
– reagieren aufbauend auf durch Funktionserfüllung entstandene Beanspruchung, d. h., hoch belastete Stellen werden durch gesteuerte Anlagerung von Körpersubstanz verstärkt.	– haben bei ihrer Nutzung Verschleiß zur Folge, Beanspruchung führt zu Abbau von Material.
– verfügen über dynamischen Körperaufbau, d. h., auch nach Aufbau erfolgen Umwandlungen; Selbstreparatur (Heilung) ist möglich.	– lassen Selbstreparaturmechanismen bisher nur in Einzelfällen zu.
– zeigen individuelle Vielfalt; Messgrößen, die ihre Form erfassen sollen, sind variabel und ändern sich mit der Zeit.	– lassen sich mit großer Präzision herstellen.

2 **Lebewesen lassen sich nicht einfach nachbauen, da es grundsätzliche Unterschiede zwischen ihnen und technischen Geräten gibt.**

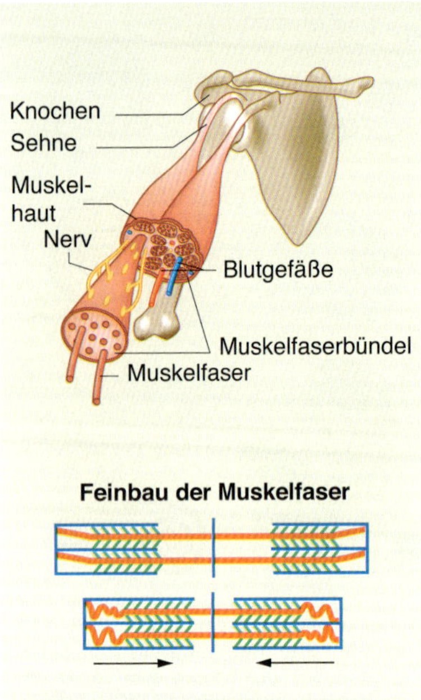

1 Stufenbau vom Organ bis zur kleinsten Funktionseinheit – Beispiel Muskulatur: Die Skelettmuskeln zeigen unter dem Mikroskop einen Aufbau aus Muskelfaserbündeln, die aus einzelnen Muskelzellen, den Muskelfasern, bestehen. Darin sind bei noch stärkerer Vergrößerung aufeinanderfolgende regelmäßige Abschnitte von einigen Mikrometern Länge zu erkennen. In diesen finden sich Makromoleküle so angeordnet, dass sie sich ineinanderschieben, wodurch sich der gesamte Muskel zusammenzieht.

Untersucht man Organismen bei abgestufter Vergrößerung, zeigt sich, dass ihr Körper aus Bestandteilen unterschiedlicher Größenordnung besteht (Abb. 1). Er lässt sich in die Organe und deren Gewebe, in die verschiedenen Zellen und die darin enthaltenen Organellen bis hin zu den Makromolekülen aufgliedern. Alle Ebenen tragen die Merkmale des Lebens, jedoch vollziehen sich die Vorgänge nach den in der jeweiligen Größenordnung herrschenden Gesetzen.

Gestalt als Ergebnis von Funktion und Beanspruchung

Die Grundsubstanz Eiweiß hat je nachdem, an welcher Stelle sie eingebaut ist, sehr unterschiedliche Eigenschaften. Sie wird durch den Stoffwechsel gebildet und dort angelagert, wo Bedarf besteht („molekulare Montage"). Ein vielfach geregeltes **Gleichgewicht** zwischen stellenweise eingebauter und wieder abgegebener Substanz ist Ursache der Formentstehung. Dadurch wird das Wachstum an den entsprechenden Stellen verstärkt, und auch nach dessen Abschluss erfolgt ein ständiger Umbau. Der Körper von Lebewesen hat einen sich ständig verändernden (dynamischen) Aufbau. Das trifft auch für jene Formen zu, die man auf technische Bauteile bei ähnlicher Funktionsaufgabe übertragen will.

Die äußere Form nimmt bei **Beanspruchung** entstandene mechanische Einwirkungen von außen (z. B. Gravitation, Bodenreibung, Strömungswiderstand) auf und leitet sie an innere Strukturen weiter. Es ist schon eine Leistung des Organismus, wenn er einwirkenden Kräften widersteht und sich dabei aufrecht hält. Aufgezwungene Verformungen werden im Innern durch Muskelkräfte, mit Flüssigkeitspolstern oder festen Skelettstützen ausgeglichen. Um sich darüber hinaus in einer Umgebung zu bewegen, ändert ein Organismus durch die in seinem Innern wirkenden Kräfte die Stellung seiner Gliedmaßen oder sogar seinen gesamten Umriss (Kontur). Diese Antriebskraft wird auf das betreffende Medium (Luft, Wasser, Boden) übertragen. So entsprechen die Stromlinienform der Fische, die Profile von Flügeln und der Bau des Herzens den Gesetzen der Strömungsmechanik.

In der Natur wird stets ein **Aufwand-Nutzen-Kompromiss** angestrebt: Material wird nur dort eingesetzt, wo es gebraucht wird.

Das Besondere des lebenden Körpers besteht in den vielfachen Möglichkeiten, seine mechanisch wirksame Form aktiv und schnell auf feine Veränderungen einzustellen. Am schnellsten wirkt dabei eine Zugkraft der in unterschiedlicher Richtung laufenden Muskelfasern. Längerfristig kann der innere Bau durch die stellenweise Substanzanlagerung selbst verändert werden, was sich z. B. in den Wachstumsbewegungen des Pflanzenkörpers zeigt. Die durch die äußere Belastung im Körper entstandenen Reaktionskräfte lösen diese Umbauprozesse aus. Dadurch können diese wirksamer aufgenommen bzw. ausgeleitet werden.

Lebewesen können als **optimierte mechanische Konstruktionen** im Rahmen ihrer jeweiligen Lebensleistungen betrachtet werden.

Die Form eines Lebewesens erfüllt also mechanische Funktionen, die wiederum über Kräfte auf sie zurückwirken. Dabei können die Körper in unterschiedlichem Grad geometrisch klare Verhältnisse aufweisen (Abb. 2). Gut sichtbar wird dies auch an Körperbestandteilen der Wirbeltiere, die eine überwiegend mechanische Funktion erfüllen, wie an den Gelenken des menschlichen Skeletts (Abb. 1).

Einfache biologische Konstruktionselemente	Biologische Konstruktionselemente mit räumlich komplexer Gestalt
– gefaltete Membranen – gewölbte Platten, Bögen und Kuppeln – verzweigte und gewundene Röhren – Tragwerke, Biegebalken – Spannseile – Polsterkissen	– 6-Eck-Packung (Bienenwaben-*Hexagon*) – Reihen- und Parallelschaltung von Zellen – radiäre, spiralige oder zweiseitige *(bilaterale)* Symmetrie des Körpers

2 Festigungselemente von Pflanzen und Tieren lassen sich oft geometrisch gut beschreiben und funktionell erklären.

Lebewesen sind in ihrem Körperbau meistens nicht von der hohen Genauigkeit, wie sie als Präzision bei technischen Bauteilen eine Voraussetzung ist. Die Messgrößen, die ihre Form erfassen sollen, sind individuell variabel und ändern sich zeitlich in Abhängigkeit vom Zustand, von der Belastungssituation oder vom Alter. Keimlinge, Larven und junge Individuen sind selten das verkleinerte Abbild der Erwachsenen. Viele Lebewesen, wie die Ringelwürmer, haben sogar nur eine mit Körperflüssigkeit gefüllte Leibeshöhle ohne feste Stützung, die sehr verformbar ist (Abb. 3).

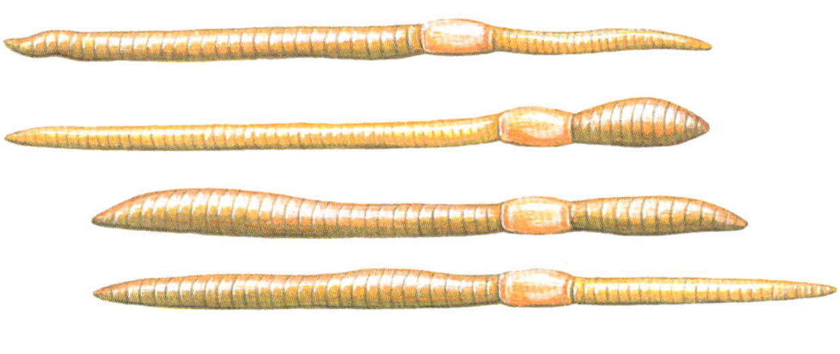

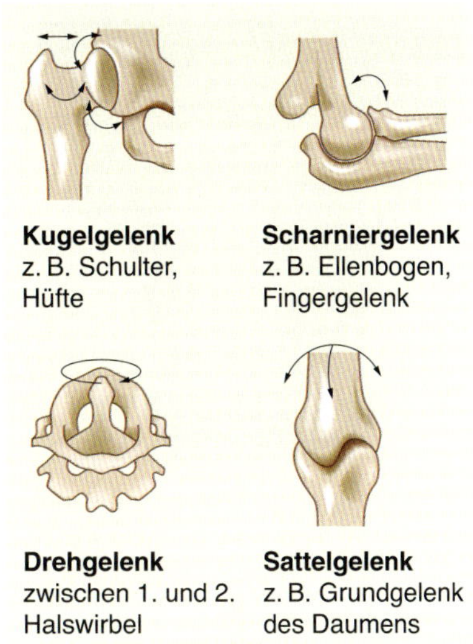

1 Die unterschiedlichen Gelenkformen des menschlichen Körpers ermöglichen unterschiedlichen Formen von Bewegungen.

3 Die peristaltische Fortbewegung der Ringelwürmer wird zunächst durch die längs verlaufenden Muskeln ermöglicht, die einzelne Segmente zusammenziehen können, wodurch der Körper an diesen Stellen verdickt wird. Damit klemmt sich der Wurm in der Bodenröhre fest. Die ringförmig angeordneten Fasern des Hautmuskelschlauchs bewirken dagegen ein Verengen des Querschnitts und über den entstehenden Druck der Körperflüssigkeit ein Vorstrecken der betreffenden Abschnitte. Die Anspannung ihres Hautmuskelschlauchs bestimmt hier die wirksame Form.

1 Ursprünglich waren es vorwiegend ästhetische Aspekte, die in einer Kopie der äußeren Form natürlicher Vorbilder ihr Ziel fanden, wie bei diesem Kapitell aus einer romanischen Kirche, und weniger die Übertragung einer Funktion auf von Menschenhand geschaffene Objekte.

Natur	Technik
Muskel	Motor
Skelett	Getriebe
Sinnesorgane	Messfühler

2 Die vergleichende Betrachtung von natürlichen und technischen Strukturen ist durch den Austausch zwischen Biologen, Chemikern, Physikern und Ingenieuren möglich.

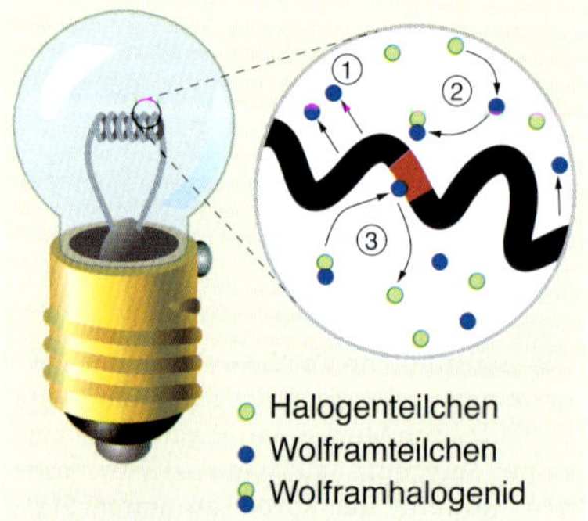

3 Prinzipmodell der Selbstheilung bei einer Glühlampe mit langer Leuchtdauer:
① Wolframatome werden von glühender Wendel emittiert
② Halogenmoleküle verbinden sich mit den Metallatomen
③ An der dünnsten und somit heißesten Stelle zerfallen diese und die Wolframatome werden wieder eingebaut.

Die Gestalt von Pflanzen und Tieren hat zu allen Zeiten Bildhauern und Architekten Anregungen gegeben (Abb. 1). Nachdem in der Renaissance die technische Mechanik auch die Gestalt von Lebewesen als Vorbild erkannte, wurde die Erklärung des Zusammenhangs zwischen Struktur und Funktion beachtet. Später wurde auch der Feinbau im Innern der Organismen mit technischen Begriffen beschrieben.

Zwar weisen viele Lebewesen Hartstrukturen von überraschend klarer Symmetrie auf, doch wenn die Wirkung einer Form an verschiedenen Stellen des Körpers unterschiedlich sein muss, besteht eine Asymmetrie der Körperseiten. Bei einer Vermessung der meist nachgiebigen und kaum scharf abgrenzbaren Körperteile, bei der Ermittlung ihrer physiologischen Leistung und ihrer Materialeigenschaften zeigt sich die Vielfalt der Lebewesen. Die von vielen Einzelfällen genommenen Messwerte müssen also idealisiert werden, um das zugrunde liegende Prinzip zu erkennen.

Ähnlichkeiten zwischen natürlichen Strukturen und technischen Konstruktionen sind nicht zufällig – sie beruhen auf dem engen **Zusammenhang zwischen Struktur und Funktion.**

Ein wesentlicher Unterschied zwischen biologischer und technischer Konstruktion ist die aufbauende Reaktion auf die durch die Funktionserfüllung entstandene Beanspruchung. Die Nutzung von Geräten oder Maschinen hat dagegen generell ihren Verschleiß zur Folge. Hoch belastete Stellen im Körper werden durch gesteuerte Anlagerung von Körpersubstanz verstärkt, im Knochengewebe sogar wenig belastete Bereiche abgebaut. In den statischen Strukturen der Technik ist das bisher nur ansatzweise realisiert (Abb. 3). Eine Selbstreparatur, der eigene Umbau während des Betriebs oder gar eine selbstständige Montage werden jedoch möglich sein, wenn entsprechende Wirkelemente im Werkstoff eingebettet sind, die auf Belastungsreize mit einer Materialumwandlung reagieren können. Neue Herstellungsverfahren wie die Nanotechnologie führen schon in nächster Zukunft zu komplexeren Systemen, die dazu fähig sein werden.

Im großen Zeitrahmen der biologischen Evolution werden wiederum jene Varianten des Genoms, d. h. der „Anleitung zur molekularen Montage", in der Auseinandersetzung mit der Umwelt bevorzugt, die den momentanen Ansprüchen am besten gewachsen sind. Das kann auch als ein über viele Generationen hinweg erfolgender Wandel der Konstruktion verstanden werden. Dabei gilt das Prinzip des geringsten Einsatzes an Material und Energie, denn es stellt immer einen Aufwand des Organismus dar, Körperstrukturen durch Wachstum herauszubilden und diese in Bewegung zu setzen.

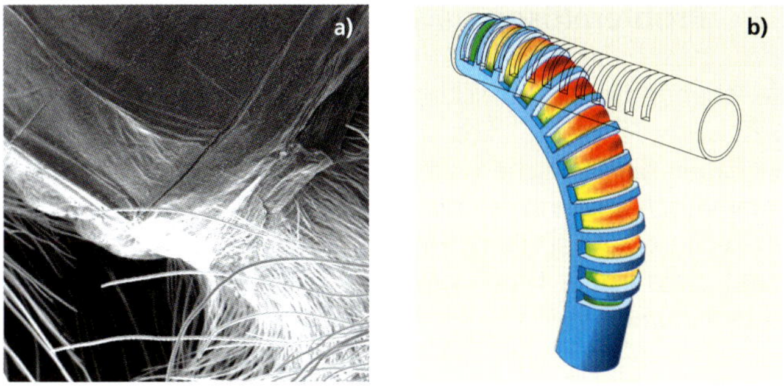

1 Gliedertiere mit Chitinpanzer, insbesondere Spinnen, können ihre Beine strecken, indem sie ihre Körperflüssigkeit in die nachgiebigeren Gelenkräume (a) pumpen. Dieses Hydraulikprinzip gab die Anregung, einseitig geschlossene Schläuche mit spezieller Wandverstärkung durch Fasereinlagen mittels Innendruck gerichtet zu verformen. Nach diesem Prinzip wurden Roboter-Finger entwickelt, die zwischen den Größenordnungen „Spinnenbein" und „Elefantenrüssel" zum beschädigungslosen Greifen dienen.

Die „Werkstoffe", aus denen ein Baumstamm, ein Insektenpanzer oder die Knochen bestehen, sind mit den in der Technik verwendeten nur bedingt vergleichbar. Sie sind sehr uneinheitlich zusammengesetzte Stoffgemische. Anfangs sind sie viel nachgiebiger und nur durch Einlagerung von Hartsubstanzen und Fasern können sie höheren mechanischen Ansprüchen genügen. Diese bilden zusammen einen Verbundwerkstoff, wie man ihn bei Stahlbeton kennt, der sowohl Zug- als auch Druckkräfte aufnehmen kann. Wenn die eingelagerten Fasern in einer bestimmten Richtung orientiert liegen, führt das dazu, dass das biologische Material in den verschiedenen Raumrichtungen unterschiedliche physikalische Eigenschaften erhält. Durch eine ortsabhängig unterschiedliche stoffliche Verfestigung entstehen Stellen höherer Nachgiebigkeit, die zur Beweglichkeit beitragen. Somit ist auch der innere Aufbau auf der **makromolekularen Ebene** zu untersuchen, da viele technisch interessante Funktionen erst durch die Übernahme von deren Prinzipien möglich werden. So können bei einem Schlauchmodell (Abb. 1) mit unterschiedlichen Wandstärken im Mantel unter Druckluftfüllung zielgerichtete Verformungen erzeugt werden. Diese führen zu einer Verbiegung oder entsprechen der periodischen Durchmesseränderung und Streckung der Peristaltik.

Da die betrachteten Strukturen in ganz unterschiedlichen **Größenordnungen** vorliegen, kann es sein, dass ihr Nachbau in einer für die Technik sinnvollen Größe nicht die gleiche Funktion zeigt. Viele physikalische Effekte wirken sich im Mikrometermaßstab anders aus als in der gewohnten Dimension. Das hängt damit zusammen, dass Längenmaße mit der Flächengröße in einem quadratischen Verhältnis stehen, volumen- und massenabhängige Werte sich jedoch in der dritten Potenz zur Länge verändern (Abb. 2). Solche Skalierungseffekte müssen bei der Übertragung biologischer Prinzipien beachtet werden.

2 Der Schlankheitsgrad: Ein 100 m hoher Turm mit den Größenverhältnissen eines Grashalms dürfte an seiner Basis nur etwa 3 m breit sein.

Die bionische Umsetzung sehr kleiner Strukturen durch Mikro- und Nanotechnik eröffnet neue Bereiche der Ausnutzung physikalischer **Form-Funktions-Zusammenhänge.**

2.2 Problemlösen nach Naturvorbildern

Die lebende Natur war schon immer Vorbild für die Lösung technischer Probleme (Abb. 1, s. auch S. 8). In früheren Zeiten haben die Menschen sich jedoch kaum zielgerichtet und systematisch an den Lösungen der lebenden Natur orientiert, um Technik zu gestalten. Heute ist das anders, denn man merkt, dass in der Natur viele Lösungen „bereitliegen", die für technische Entwicklungen von Bedeutung sein könnten.

Über drei Milliarden Jahre evolutionärer Naturprozesse bringen eine Fülle biologischer Strukturen hervor, die sich als Gestaltungsanregungen für die Technik anbieten. Doch die Natur liefert uns keine fertigen Erkenntnisse und Lösungen. Aus diesem Grund sollte man klug fragen, um zu sinnvollen Antworten zu gelangen. Die dabei zu formulierenden Fragen sollten sich auf spezielle Baukonstruktionen, auf die zahlreichen Details individueller „Konstruktionspläne", auf Lebensfunktionen in der Auseinandersetzung mit wirkenden Umweltbedingungen u. Ä. richten.

Wer **von der Natur lernen** möchte, sollte genau und aufmerksam beobachten, beschreiben, Vergleiche ziehen und beharrlich experimentieren.

Die Untersuchung der Lebensfunktionen von Pflanzen und Tieren im Zusammenhang mit deren Aufbau bildet also die Voraussetzung für die Lösung eines Problems. So kann man die lebende Natur als Lösungsquelle befragen und Antworten finden, wie ähnliche Probleme durch das Wirken der Evolutionsmechanismen gelöst wurden (S. 27, Abb. 1).

1 Aus der Geschichte bionischen Schaffens

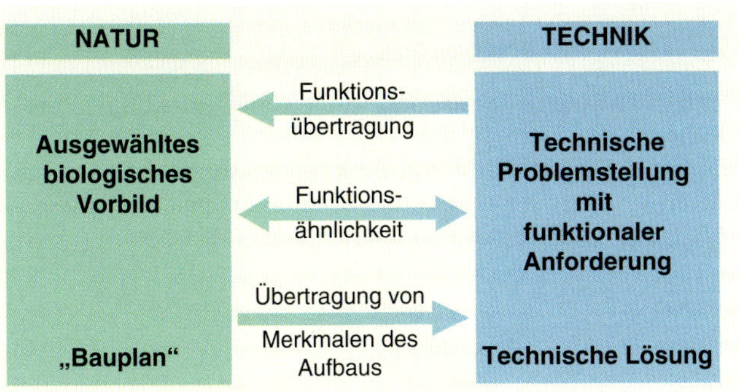

1 **Natur als Lösungsquelle für die Technik: Für das technische Problem „Lagern von Bauteilen“ können beispielsweise Lösungen gefunden werden, wenn untersucht wird, wie Ameisen Dinge „speichern“. Die Untersuchung der Greiffunktion von Krebsscheren und Vogelkrallen bildet zum Beispiel die Voraussetzung für die Entwicklung von Roboterarmen.**

Bionische Denkweisen setzen dort an, wo mit Blick auf die Problemlösungen der lebenden Natur Anregungen zum Untersuchen und Vergleichen sowie zum Übertragen auf ähnliche technische Probleme aufgenommen werden (Abb. 1). So gewinnt der Mensch über eine Erscheinung der lebenden Natur eine Erkenntnis, die zu einer Entdeckung führt, und setzt diese Erkenntnis zielstrebig in eine Erfindung um (Abb. 3).

Um Erscheinungen und Eigenschaften des biologischen Vorbilds aufzuklären, werden **Modelle** angefertigt. Modelle sind Abbilder von wirklichen Objekten und Prozessen. Daher stellen sie nur Annäherungen an die Wirklichkeit dar, sind aber nicht mit dieser identisch. Ein Modell stellt stets eine Vereinfachung und Abstraktion dar, wobei nicht alle Eigenschaften des Originals auf das Modell übertragen werden (Abb. 2). Die Abstraktion bedeutet, dass ganz bestimmte Merkmale, die für das Erkenntnisziel von Bedeutung sind, hervorgehoben und solche, die nicht damit im Zusammenhang stehen, weggelassen werden. Die **Modellbildung** ist auf das Engste mit Analogieübertragungen verbunden.

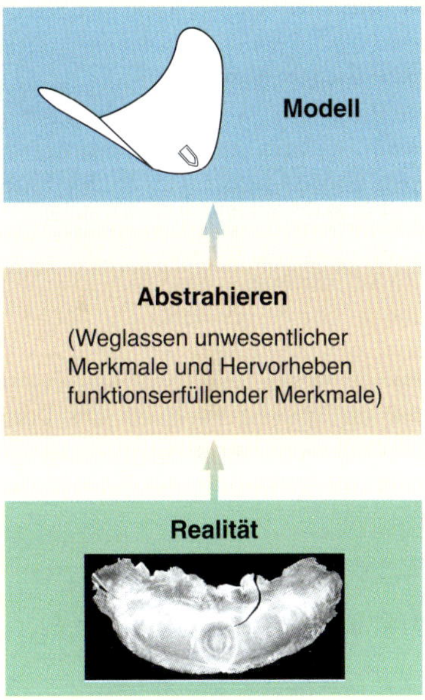

2 **Modellbildung als Abstraktionsprozess**

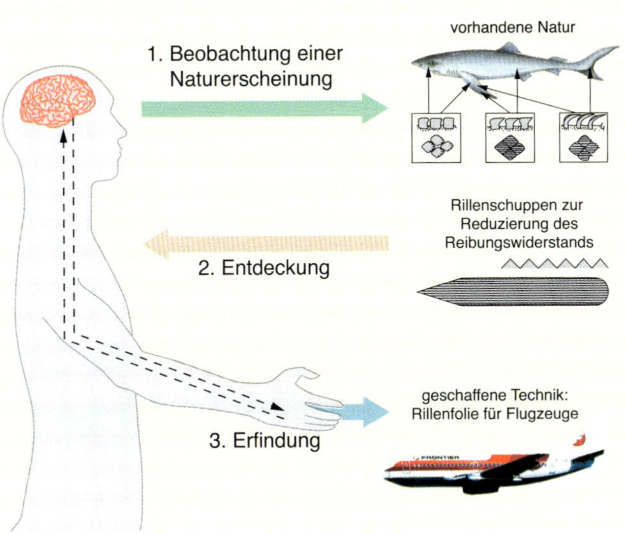

3 **Von der Entdeckung zur Erfindung**

Analogie und Ähnlichkeit

Analogie bedeutet Ähnlichkeit oder Gleichheit (griech. *analogia*). Zwei Erscheinungen verhalten sich analog, also ähnlich oder entsprechend, sie bilden also eine Analogie.

Für die Modellbildung ist die Aufdeckung von Analogien zwischen Original und Abbild wesentlich. Grundsätzlich werden zwei Ähnlichkeitsbeziehungen unterschieden:

Bildhafte Ähnlichkeit

Original und Abbild haben gleiche Form, Aufbau oder Gestalt. Daher ist beispielsweise eine Bauzeichnung ein Modell für ein Haus, der Globus ein Modell für den Erdball und eine maßstäblich verkleinerte Brücke ein Modell für eine wirkliche Brücke.

Funktionale Ähnlichkeit

Original und Abbild können sich hinsichtlich Form, Aufbau oder Gestalt unterscheiden, stimmen aber in jedem Fall in der Funktion überein und zeigen das gleiche Verhalten.
Beispielsweise ist ein Flugzeugflügel auch ein Modell für einen Vogelflügel, weil beide Objekte das gleiche aerodynamische Verhalten zeigen. Bei analogen Modellen der Genitalkopplungssysteme von Schmetterlingen zeigen Original und Modell die gleiche Funktion des kraft- und formschlüssigen Verbindens.

Eine dritte Art der Ähnlichkeitsbeziehung ist die Verbindung der beiden bereits genannten Arten. Als bildhafte und funktionale Ähnlichkeit haben hierbei Original und Abbild den gleichen Aufbau und die gleiche Funktion (Abb. 1).

1 Aufbau und Funktion der Kraftübertragung durch das Hebelprinzip sind bei Blüte und Modell gleich.

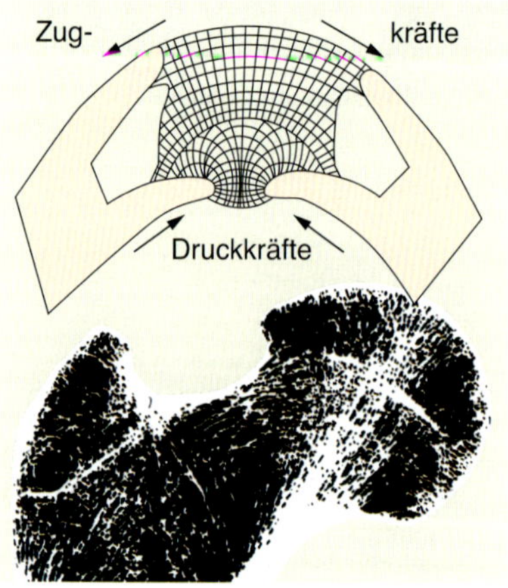

2 Roux´ Modell der zugfesten und der druckfesten Bereiche im Knochen lässt sich mit einem zwischen den Händen aufgespannten Netz vergleichen.

Häufig bildet die Entdeckung eines biologischen Sachverhalts die Grundlage für die Anfertigung eines Erklärungsmodells. So gelang es beispielsweise Wilhelm Roux 1895 nicht nur, eine spezielle Anordnung der Knochenbalken im Knochen zu entdecken, sondern er konnte auch deren funktionale Bedeutung an einem Modell darstellen (Abb. 2).

Als **Analogie** wird grundsätzlich die Übereinstimmung zwischen zwei oder mehreren Objekten in einem oder mehreren Merkmalen verstanden. Das Denken in Analogien ist ein Übergehen von einem Modell zum anderen.

In der bionischen Denk- und Arbeitsweise sind **Modellübertragungen** auf der Grundlage von Analogien zwischen Natur und Technik notwendig.

Das Übertragen funktionserfüllender Merkmale eines biologischen Systems in die Technik geschieht auf der Grundlage der Analogiebildung. Ausgehend von einer technisch zu realisierenden Funktion werden biologische Systeme mit ähnlichen Funktionen ermittelt. Danach werden Funktionsmerkmale verglichen und die Möglichkeiten einer Übertragung auf das gedanklich vorweggenommene technische System überprüft (Abb. 1).

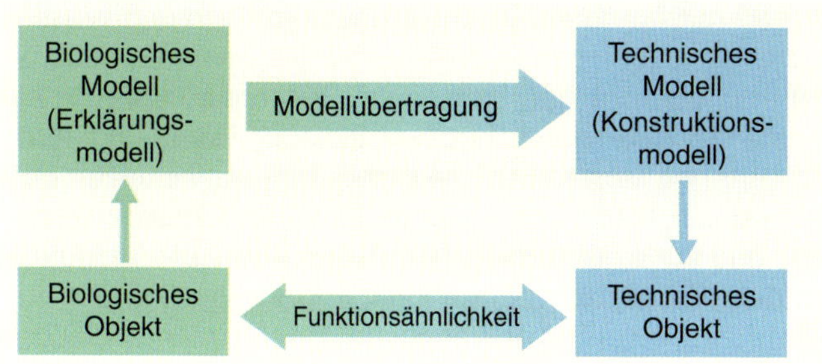

1 Analogiebildung setzt die Modellierung biologischer Systeme mit dem Ziel der Übertragung auf technische Sachverhalte bzw. Konstruktionen voraus.

Erklärungs- und Konstruktionsmodell

Das biologische Modell wird als **Erklärungsmodell** bezeichnet und beinhaltet eine problemlösungsbedeutsame Erkenntnis über die biologische Struktur. Diese Erkenntnis wird durch Abstrahieren (Verallgemeinern) gewonnen und stellt das Prinzip dar. Beim Abstrahieren werden unwesentliche Merkmale weggelassen und funktionserfüllende Merkmale, die für die Problemlösung bedeutsam sind, hervorgehoben. Das Prinzip ist eine vereinfachte Darstellung mit symbolischen Elementen und bildet daher das Erklärungsmodell. Dieses Modell bildet den Ausgangspunkt und zugleich die Ausgangslösung für eine Übertragung in die Technik.

In der Technik dagegen spielen **Konstruktionsmodelle** eine bedeutende Rolle. Das Konstruktionsmodell wird aus dem Erklärungsmodell abgeleitet. Dabei werden die Merkmale des Erklärungsmodells so verändert, dass daraus das Konstruktionsmodell entsteht. Die Veränderung der Merkmale des Erklärungsmodells erfolgt zum Zwecke der Anpassung an die technischen Anforderungen, Bedingungen und Wünsche. Das Konstruktionsmodell ist das durch Variation, also durch Verändern von Merkmalen, geschaffene Modell, in dem die technischen, aber zunehmend auch die ökonomischen und ökologischen Anforderungen, Bedingungen und Wünsche an die Problemlösung umgesetzt sind.

Mithilfe der **Variationsmethode** (Abb. 2) wird das Ziel verfolgt, vorhandene Merkmale einer Ausgangslösung (Erklärungsmodell des biologischen Systems) so zu verändern, dass dadurch eine technische Lösung zur Realisierung der technischen Anforderungen entsteht.

1. Gewinnen bzw. Kennzeichen der Basislösung
2. Bestimmen zu verändernder Merkmale
   - G – Größe (von sehr groß bis sehr klein)
   - A – Anzahl (einteilig, mehrteilig)
   - L – Lage (vorn, hinten, oben, unten …)
   - F – Form (quadratisch, rechteckig, rund, dreieckig, trapezförmig, Würfel, Quader, Prisma, Zylinder, Pyramide, Kegel …)
   - M – Material (Holz, PVC, Stahl, Kupfer, Messing, Pappe, Papier, Textilien …)
   - O – Oberfläche (rau, glatt …)
   - B – Bewegungsart (rotierend, geradlinig, schwingend …)
   - S – Schluss- bzw. Verbindungsart (Form-, Kraft- und Stoffschluss)
3. Aufdecken der Variationslösung

2 Schrittfolge für das Variieren von Merkmalen

Bionischer Denk- und Handlungsprozess

Als Otto Lilienthal seinen Gleitflieger erfand, enthielt seine zielgerichtete und systematische Vorgehensweise ebenfalls die Analogiebildung. Er fertigte auch unterschiedliche Modelle an und variierte verschiedene Merkmale (Abb. 1). Dieses Vorgehen verlangte Selbstständigkeit und Kreativität, gepaart mit Ausdauer, Durchsetzungsvermögen und Wissbegier. Diese Eigenschaften besaß Lilienthal, denn nur dadurch war er in der Lage, das Problem des Fliegens zu lösen. Er erkannte die Zusammenhänge von Biologie, Physik und Technik. Lilienthal verstand es, die Fachgebiete zu vernetzen und ihnen durch Entdeckungen und Erfindungen neue Erkenntnisse und Konstruktionen hinzuzufügen. Seine Beschäftigung mit dem Flugproblem führte ihn zur Modellbildung und zur Durchführung von Experimenten, in denen er den Vorteil des gewölbten Flügels erkannte. Das vom Naturvorbild abgeleitete Erklärungsmodell führte ihn zu der Einsicht, dass ein im Luftstrom befindlicher gewölbter Flügel eine Auftriebskraft erfährt, die der Gewichtskraft entgegengerichtet ist. Diese Erkenntnisse setzte er über zahlreiche Experimente kontinuierlich in den Gleitflugapparat um.

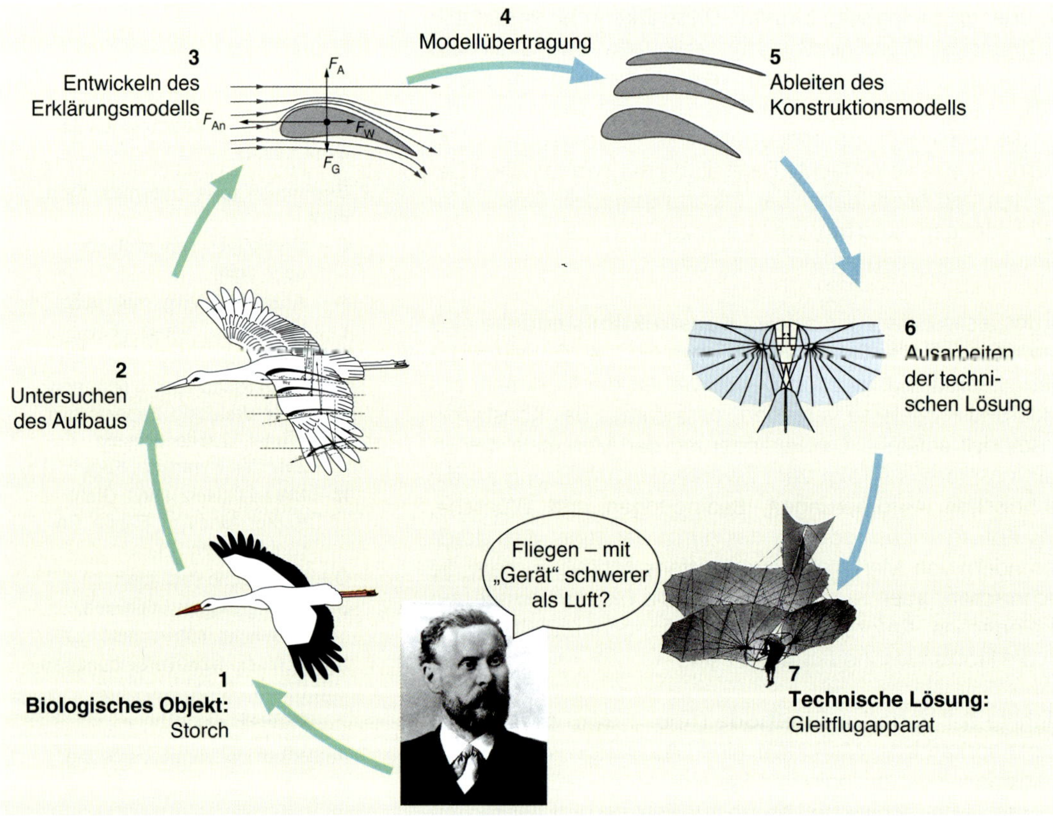

1 Lilienthals Denk- und Handlungsprozesse

Aus LILIENTHALS Vorgehensweise lässt sich der bionische Denk- und Handlungsprozess ableiten.

Der bionische Denk- und Handlungsprozess ist auf der einen Seite ein Abstraktionsprozess, der von der Analyse des biologischen Vorbilds zum Erklärungsmodell führt. Auf der anderen Seite wird jedoch schrittweise die technische Lösung immer weiter ausgearbeitet. Dieser Prozess wird Konkretisieren genannt, der in mehreren Stufen vom **Konstruktionsmodell** zur ausgearbeiteten technischen Lösung führt.

Bei der Analyse des Naturvorbilds als Objekt der Untersuchung wird danach gefragt, wie es aufgebaut ist und welche Funktionen die Organe bzw. Teile zur Realisierung der entsprechenden Funktionen durchführen.

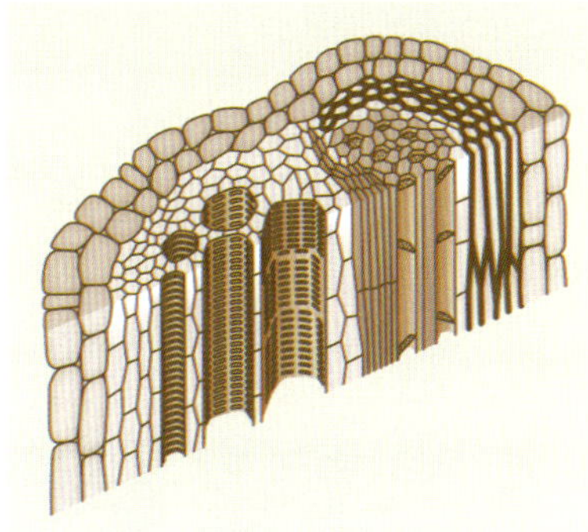

1 Gedankliche und wenn nötig auch reale Längs- und Querschnitte sowie Zeichnungen davon sind im bionischen Denk- und Handlungsprozess erforderlich.

Orientierungsfragen sind im bionischen Denk- und Handlungsprozess sehr hilfreich:

- Aus welchen Organgruppen besteht das biologische Objekt?
- Wie sieht das biologische Objekt von allen Seiten sowie im Längs- und Querschnitt aus (Abb. 1)?
- Welche besonderen Merkmale wie Form, Größe oder Anordnung weisen die Organe/Teile auf?

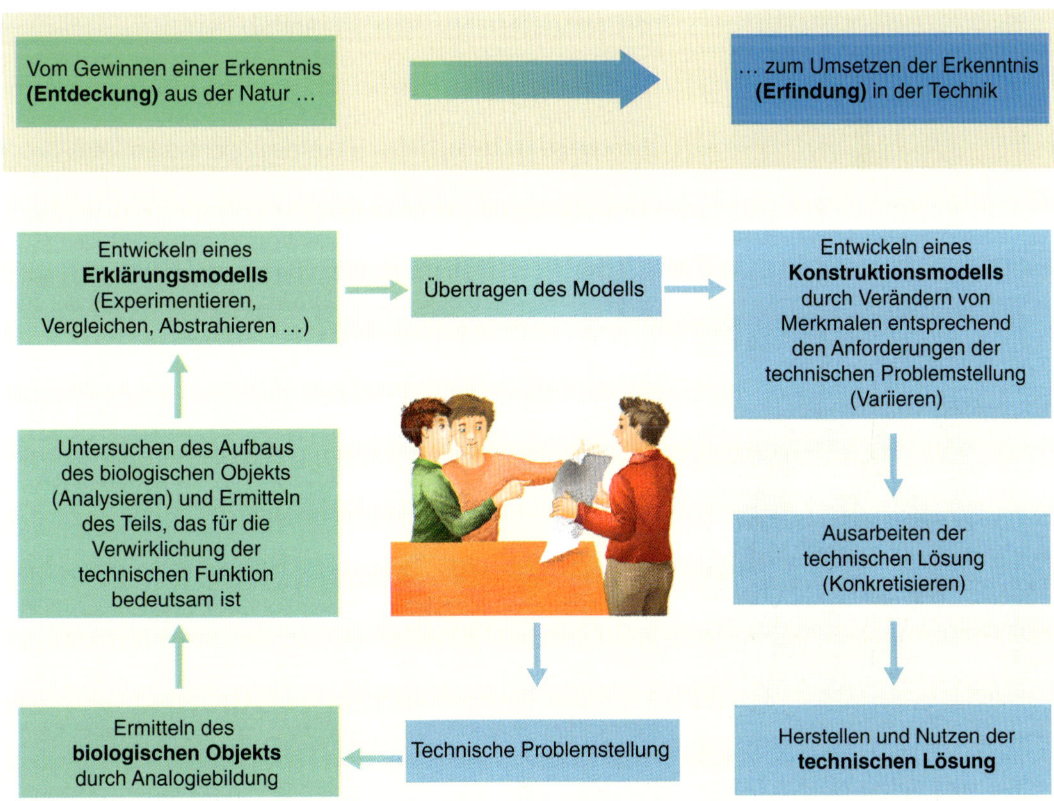

2 Bionischer Denk- und Handlungsprozess

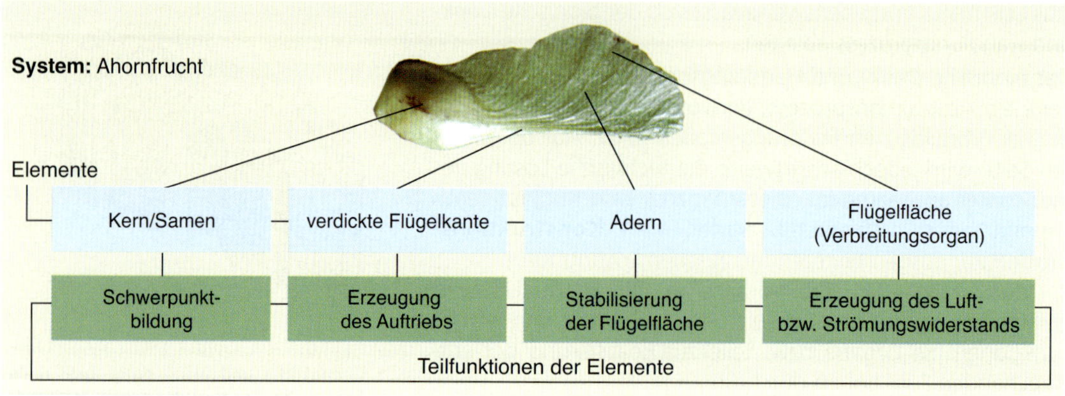

1 Systemanalyse der Ahornfrucht

Das Erkennen der Naturformen, das Vordringen zum Prinzip als Erklärungsmodell durch Analyse und Abstraktion und dessen kreative Umsetzung in eine technische Lösung ist die praktische Anwendung des allgemeingültigen Erkenntniswegs. Dieser **Erkenntnisweg,** der von der lebendigen Anschauung (biologisches System) zum abstrakten Denken und von diesem zur Praxis (technische Lösung) führt, ist nicht nur der Weg der Erkenntnis über das biologische System, sondern auch der zur Umgestaltung der Wirklichkeit in Gestalt der technischen Lösung (S. 31, Abb. 2).

Zur Gewinnung technischer Lösungen nach Naturvorbildern ist die hier aufgeführte **Schrittfolge** als universelle Vorgehensweise hilfreich, die sich aus dem bionischen Denk- und Handlungsprozess ergibt:

1. Festlegen der zu realisierenden technischen Funktion
2. Ermitteln von Vorbildern, die diese Funktion erfüllen (Suche in Informationsspeichern oder in der lebenden Natur)
3. Analyse des biologischen Vorbilds und Aufdecken der für die Problemlösung bedeutsamen Struktur
4. Entwickeln eines Erklärungsmodells durch Abstraktion der bedeutsamen Struktur
5. Anfertigen des Konstruktionsmodells durch Verändern der dem Erklärungsmodell zugrunde liegenden Merkmale (Anforderungen an die technische Lösung einbeziehen)
6. Aufdecken der technischen Lösung

Das Aufdecken der technischen Lösung geschieht durch die Anfertigung eines maßstäblichen Entwurfs und der stofflich-geometrischen Ausarbeitung. Mithilfe dieser Schrittfolge wird das Vorgehen systematisch und zielgerichtet angeleitet, es erspart Denkumwege und kann zum Abbau von Denkblockaden führen. Außerdem wird der Zeitaufwand beim Problemlösen verringert.
Nutzen wir die in vielen Millionen Jahren hervorragend angepassten Strukturen für eine umweltfreundlichere, wirtschaftlichere und menschengerechtere Technik!

2 In der lebenden Natur gibt es noch vieles zu entdecken und in die Welt der Technik zu übertragen. Öffnen wir diese „Schatzkiste des Lebendigen" und erschließen uns diesen Reichtum an wirkungsvollen Mechanismen und effizienten Abläufen.

Aufgaben

1. Warum sinken Früchte des Löwenzahns („Pusteblume") und Planktonlebewesen langsamer als gleich schwere Körper? Nenne weitere Vorgänge, deren Wirkung von Form oder Größe eines Körpers abhängen!

2. Ordne technische und biologische Vorgänge oder Strukturen folgender Tabelle zu:

Funktionseinheit für	von Stoff	von Energie	von Information
Aufnahme und innerer Transport	Blutkreislauf		
Wandeln, Verarbeiten			
Speichern			
Abbau oder Abgabe			

3. In welcher Reihenfolge müssen sich die Segmente des Schlauchmodells einer selbstkriechenden Sonde verdicken bzw. verlängern, damit der gesamte Körper durch Peristaltik wie beim Regenwurm (s. S. 23) vorangetrieben wird? Nenne die richtige Reihenfolge der einzelnen Bewegungsphasen, die zu einem Vortriebsschritt nötig sind.

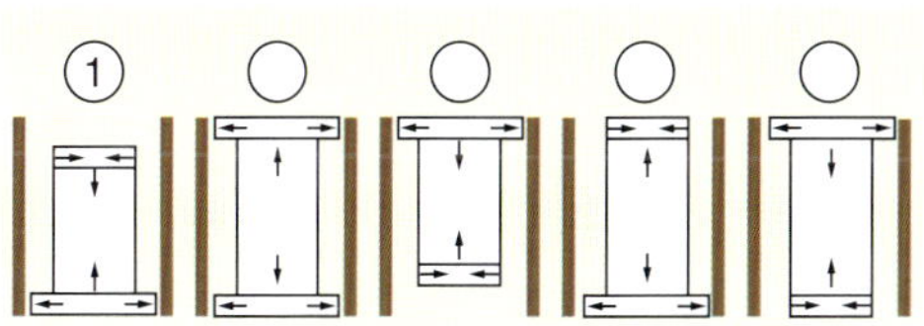

4. Stelle den Ablauf des bionischen Denk- und Handlungsprozesses an einem selbst gewählten Beispiel dar!

5. Auf welcher methodischen Grundlage werden biologische Systeme für technische Lösungsmöglichkeiten gewonnen?

6. Erläutere den Unterschied zwischen Erklärungs- und Konstruktionsmodell!

7. Aus dem physikalischen Verständnis von biologischen Erscheinungen ergeben sich Anregungen zur bionischen Umsetzung. Begründe mit physikalischen Begriffen die Wirkung der Einhüllung bei Fledermäusen im Winterschlaf!

8. Ein Beispiel für „Form-Arbeit": Dieser Baum hat über Jahre hinweg eine Geländerstange aus Stahl verbogen. Erkläre die Ursache!

9. Kennzeichne die Merkmale von Original und Modell an einem Beispiel!

10. Skizziere technische Lösungen von Schraubenfliegermodellen durch Variation der Merkmale: Anzahl und Form der Flügel! Betrachte dabei das abgebildete biologische Erklärungsmodell als Ausgangslösung für das systematische Verändern dieser Merkmale!

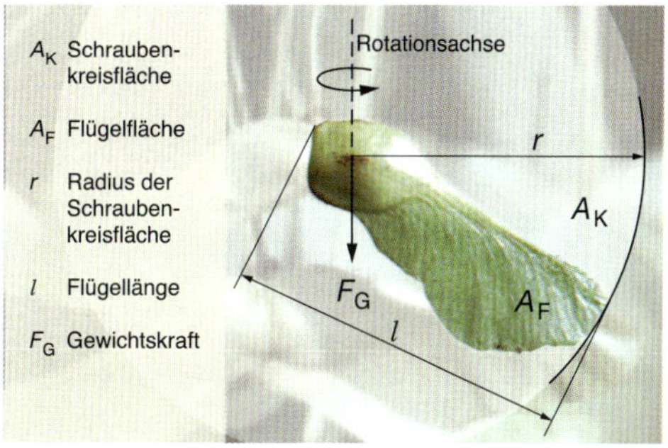

3 Anwendungen der Bionik

So gut wie die Natur?

Lebewesen sind an ihre Lebensbedingungen optimal angepasst. Sie gehen dabei in der Regel sparsam mit Materialien um und setzen Energie effizient ein. Technische Geräte arbeiten da meist weniger effektiv.

Wie lassen sich Materialien und Energie bei der Konstruktion und im Betrieb von Maschinen und Geräten sparen? Welche Erkenntnisse der Bionik können uns den Alltag einfacher machen?

Alles eine Frage der Größe?

Die Natur inspiriert – doch das ist noch nicht Bionik. Diese Schachtelhalm-Stängel wurden bereits Anfang des 20. Jh. fotografiert. Sie lassen an architektonische Bauten denken. Doch sie sind viel schlanker gebaut als große Türme und trotzdem sehr stabil.

Wie orientieren sich Architekten an Vorbildern aus der Natur? Gibt es Beispiele dafür in deinem Wohn- und Schulort?

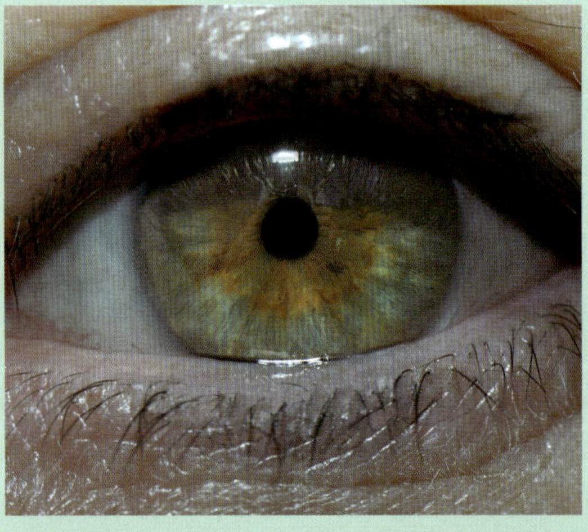

Schritt für Schritt

Alle Tiere und Pflanzen sind im Wechselspiel zwischen Veränderung und Auslese durch einen Evolutionsprozess entstanden. So konnten sich komplexe Organe wie unser Gehirn und unsere Augen entwickeln. Es bildeten sich vielfältige Strukturen und Lebensformen heraus.

Ist es nicht erstaunlich, dass die Natur voll komplexer Strukturen und Systeme ist, ohne dass ein denkender Ingenieur diese erdacht hat? Welchen praktischen Nutzen können wir aus dem Verständnis der Evolutionsprozesse ziehen? Kann die Evolution im Labor nachvollzogen werden?

3.1 Material und Struktur

Um zu verstehen, wie biologische Strukturen als Vorbild für technische Umsetzungen genutzt werden können, ist die Kenntnis mechanischer und materialwissenschaftlicher Grundlagen erforderlich.

Ein **Material** ist ein einheitlicher Stoff, z. B. Eisen, Glas oder PVC-Kunststoff (Polyvinylchlorid). Eine **Struktur** besteht aus Material und besitzt darüber hinaus noch eine bestimmte Formgebung oder Anordnung, die dazu dient, mechanischen Belastungen standzuhalten.

Organisationsebenen: Das Leben auf der Erde begann vor ca. 3,8 Milliarden Jahren. Im Laufe dieser riesigen Zeitspanne haben die evolutionären Prozesse der Mutation und Selektion viele Lösungen für mechanische Probleme hervorgebracht. Vergleicht man biologische und technische Strukturen, dann fällt auf, dass die Natur ihre **Strukturen optimiert,** wogegen die Technik oft die eingesetzten Materialien verbessert. Es gibt fast eine halbe Million verschiedener Pflanzenarten, doch trotz dieser Formenvielfalt bestehen die wichtigsten mechanischen Strukturen aus nur wenigen Grundstoffen: Cellulose, Hemicellulose, Pektine und bei verholzten Pflanzen noch Lignin.

Tiere und Pflanzen sind nicht einheitlich aufgebaut, je nach Vergrößerung zeigen sich immer mehr Feinheiten in der Struktur (s. S. 22). Man kann mindestens fünf verschiedene Organisationsebenen bei Pflanzen beschreiben (Abb. 2).

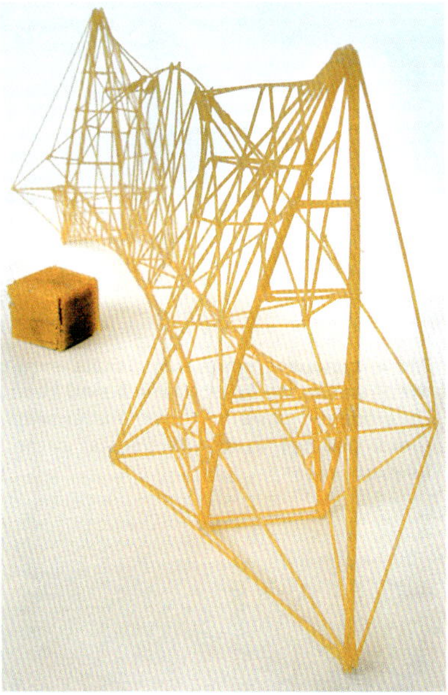

1 Gleiches Material – unterschiedliche Struktur: Aus derselben Menge des Materials wurden zwei Gegenstände mit völlig anderer Struktur hergestellt.

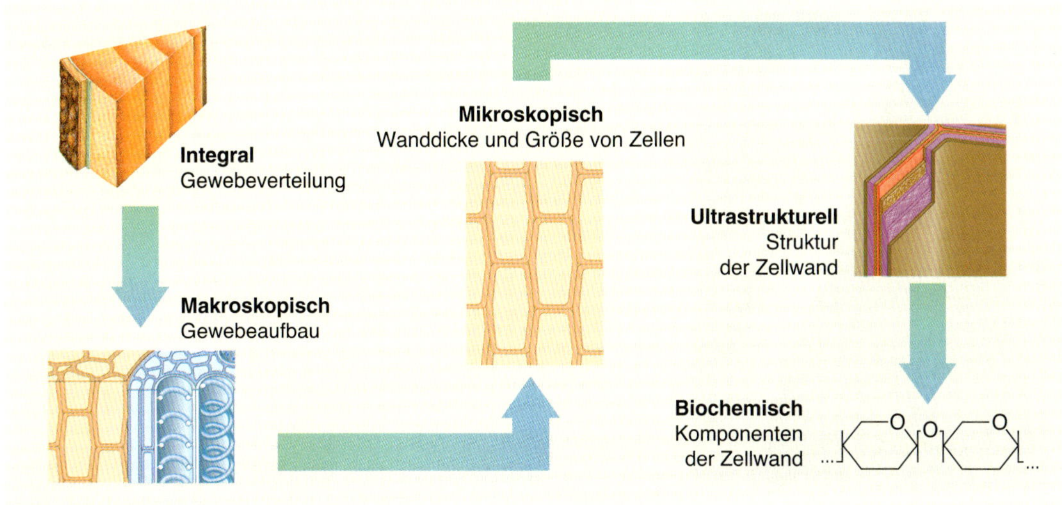

2 Biologische Strukturen sind häufig auf mehreren hierarchischen Organisationsebenen strukturiert, hier anhand des Beispiels Holz aufgezeigt.

1 Die inhomogen aufgebaute Schale einer Meeresschnecke. Bereits optisch sind klare Unterschiede zwischen der Außenseite (links) und der Innenseite (rechts) zu erkennen.

3 Längsschnitt eines Bambushalms direkt an der Querplatte eines Knotens. Deutlich ist die Längsmaserung in der äußeren Halmwand zu sehen.

4 Der höchste noch lebende Baum ist ein Küsten-Mammutbaum *(Sequoia sempervirens)* von 112 m Höhe.

Auf die Richtung kommt es an

	Bedeutung	Beispiel
homogen	besteht aus einheitlichem Material	Gummiband, Stahlrohr eines Fahrradrahmens
inhomogen	besteht aus unterschiedlichen Materialien	Zähne (Zahnschmelz, Dentin, Zahnzement)
isotrop	ist einheitlich aufgebaut, besitzt dieselben Eigenschaften in alle Raumrichtungen	Gummiball, Stahlkugel eines Kugellagers
anisotrop	ist aus verschiedenen Materialien aufgebaut, also inhomogen, zeigt unterschiedliche Eigenschaften, je nachdem, aus welcher Raumrichtung sie beansprucht wird	Holz, Knochen, Fingernägel

2 Diese Begriffe beschreiben Eigenschaften von Strukturen.

Die meisten Strukturen werden nicht aus allen Raumrichtungen gleich stark mechanisch belastet. Daher macht der Einsatz von homogenen, isotropen Materialien viele Strukturen unnötig schwer. Die Natur zeigt meisterhaft, wie man mit inhomogenen, anisotropen Materialien Leichtbau mit hoher mechanischer Stabilität verbindet (Abb. 3).

Viele Konstruktionen der Natur sind **auf Druck optimiert.** Dazu zählen Knochen von Wirbeltieren oder Bäume. Druckelemente müssen nicht nur äußere Belastungen abstützen, sondern auch das Eigengewicht. Dies ist einer der Gründe, weshalb Bäume nicht beliebig hoch wachsen und Fernsehtürme eines bestimmten Durchmessers nicht beliebig hoch gebaut werden können (Abb. 4 u. S. 25, Abb. 2).

Zugoptimierte Strukturen sind bei ähnlicher mechanischer Belastbarkeit leichter als druckoptimierte, d. h., sie benötigen weniger Material und sind deshalb „billiger". In der Technik werden Zugstrukturen relativ selten verwirklicht, traditionell vor allem bei Zeltkonstruktionen, Hängebrücken und im Segelschiffsbau. Viele Ingenieure sind sich der Vorteile von Zugkonstruktionen nicht bewusst und konstruieren aus Gewohnheit mit Druckelementen. In der Natur gibt es viele Strukturen, die auf Zug optimiert sind. Die „teuren" Druckelemente sind nur in geringer Anzahl vorhanden oder müssen nicht extra produziert werden. Beispielsweise sind Sehnen an Knochen befestigt, Spinnennetze an Zweigen oder Grashalmen. In der Natur gilt das von DARWIN formulierte Gesetz vom **„Survival of the fittest"** – manchmal kann es allerdings umgeschrieben werden zum **„Survival of the cheapest":** Wer mit seinen Materialien sparsam umgeht, hat **Selektionsvorteile.**

Bei isotropen Materialien stehen Längenänderung und Belastung häufig in einem festen Verhältnis, d. h. die Längenänderung ist **proportional** zur Belastung **(hookesches Gesetz).** Wird z. B. an eine Stahlfeder ein Körper mit einer Masse von 1 kg gehängt, dehnt sie sich um 5 cm. Wird ein weiterer Körper von 1 kg angehängt, dehnt sich die Stahlfeder um weitere 5 cm. Das Gegenteil einer Dehnung ist eine Stauchung. Die Dehnung oder Stauchung ist das Verhältnis der Ausgangslänge zur Längenänderung.

Betrachtet man die Kraft pro Fläche, erhält man die **Spannung.** Für eine wirkende Kraft gilt: Je kleiner die Fläche, desto größer die Spannung (s. S. 59). Solange wir unser Körpergewicht auf die Fläche der Fußsohlen verteilen, spüren wir kaum eine mechanische Belastung. Treten wir allerdings auf eine Reißzwecke, dann wirkt die Gewichtskraft unseres Körpers auf die kleine Fläche der Metallspitze – die mechanische Belastung in Form einer Druckspannung ist sehr hoch, was wir als schmerzhaft empfinden. Ist die Spannung zu groß, versagt ein Material, z. B. indem es reißt.
Um die Reaktion eines Materials unter Belastung darzustellen, wird die Längenänderung gegen die Spannung in einem Diagramm aufgetragen. Solche Spannungs-Dehnungs-Kurven liefern wertvolle Informationen über die Eigenschaften eines Materials (Abb. 1).

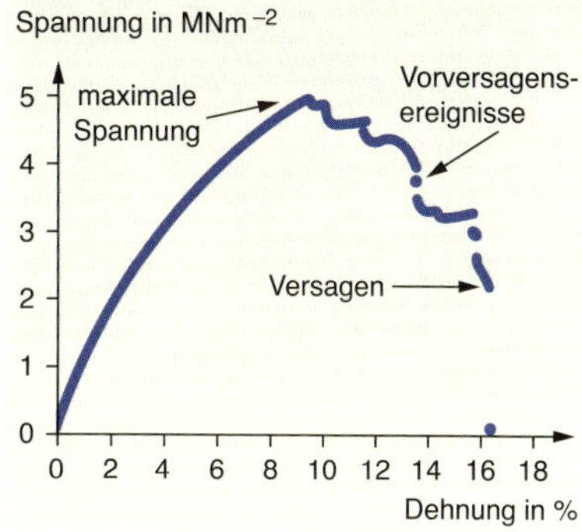

1 Ein typisches Spannungs-Dehnungs-Diagramm einer pflanzlichen Probe. Es kommt zu ersten kleinen Versagensereignissen, bevor die Probe vollständig reißt.

Der Elastizitätsmodul

Die Steigung des ersten linearen Abschnitts in einem Spannungs-Dehnungs-Diagramm wird **Elastizitätsmodul** genannt. Ein hoher Elastizitätsmodul (m., Plural: Moduln) kennzeichnet ein steifes, ein niedriger Elastizitätsmodul ein nachgiebiges Material. Die Einheit ist N/m^2. Die typischen Werte der Elastizitätsmoduln können dabei mehrere Größenordnungen umfassen. In vielen Tabellen findet man deshalb Angaben im Mega- oder gar Gigabereich. Beispielsweise liegt der Elastizitätsmodul von Eichenholz im Bereich von etwa 12 000 000 000 N/m^2 bzw. 12 GN/m^2. Der Elastizitätsmodul ist eine der wichtigsten Kenngrößen, um verschiedene Materialien zu vergleichen.

Materialklasse	Beispielmaterial	Elastizitätsmodul (in MN/m^2)	Festigkeit (in MN/m^2)
Polymere	Kautschuk	1 (Z)	15–30 (Z)
	Cellulose (feucht)	40 000 (Z)	1 000 (Z)
	Cellulose (trocken)	140 000–300 000 (Z)	25 000 (Z)
Keramik und Mineralien	Zahnschmelz	75 000 (D)	200–400 (D)
	Muschelschale	12 000–78 000 (D)	31–198 (D)
	Beton	10 000–40 000 (D)	2–100 (D)
	Diamant	1 200 000 (D)	bis 442 000 (D)
Glas	Fensterglas	500 000–100 000	140–250 (Z)
Metall	Aluminium	73 000 (Z)	250 (Z)
	Stahl	bis 220 000 (Z)	bis 1 700 (Z)

2 Typische Elastizitätsmoduln und Festigkeiten von Materialien (in MN/m^2), gemessen unter Zug (Z) oder Druck (D)

1 Ein steifes Material kann durchaus eine geringe Festigkeit besitzen (z. B. Zuckerguss, weil er spröde ist). Umgekehrt kann ein nachgiebiges Material über eine hohe Festigkeit verfügen (z. B. Leder, das sehr zäh ist).

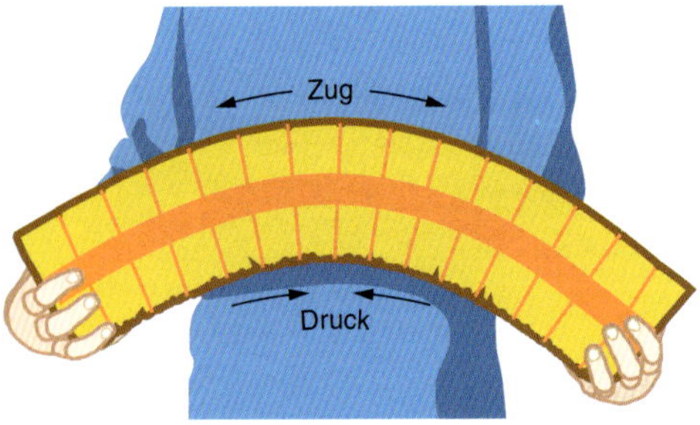

2 Bei Biegung wird ein Balken auf der einen Seite der Krümmung unter Zugspannung, auf der anderen unter Druckspannung gesetzt. Die Spannungen nehmen von außen nach innen ab, sodass es eine neutrale Ebene gibt, die spannungsfrei ist.

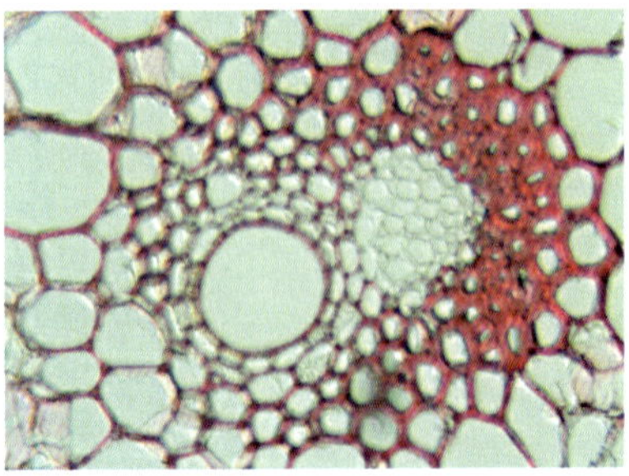

3 Allmähliche Übergänge (Gradienten) ermöglichen z. B. eine stabile Anbindung von Fasern (kompakte Zellen mit dicken, rot angefärbten Zellwänden) und dem umgebenden Parenchym (große Zellen mit dünnen Zellwänden).

In einem interdisziplinären Bereich wie der Bionik ist es notwendig, sich auf eine gemeinsame Sprache zu einigen. Begriffe, die auch in der Umgangssprache verwendet werden, müssen dafür eine genau festgelegte Bedeutung haben:

Steifigkeit bezeichnet den Widerstand eines Materials gegen Verformung (Abb. 1).
Festigkeit bezieht sich auf die maximale Belastbarkeit eines Materials, bevor es versagt.

Bäume, Grashalme oder auch Knochen versagen oft bei Biegung. Bei dieser Art der mechanischen Belastung wird eine Struktur auf der äußeren (konvexen) Seite der Krümmung gedehnt und auf der inneren (konkaven) Seite der Krümmung gestaucht (Abb. 2). Bei runden Querschnittsformen sind dabei die Spannungen außen am größten und nehmen in Richtung Zentrum ab. In der Mitte liegt die neutrale Ebene, die nicht unter Spannung steht. Durch Biegung entstehen häufig Spannungen, die weit höher liegen als durch reinen Zug oder Druck entstehende Spannungen.

Faserverbundmaterial: Viele moderne Werkstoffe sind anisotrop (s. S. 36) aufgebaut. Häufig werden dafür verschiedene Materialien kombiniert. So werden Fasern aus Glas in eine Grundsubstanz aus Kunstharz eingebettet. Zusammen ergibt das glasfaserverstärkten Kunststoff (GFK), auch Fiberglas genannt, der für Stoßfänger von Autos, Rotorblätter von Windkraftanlagen oder Zeltgestänge verwendet wird. Faserverbundstoffe können Eigenschaften besitzen, die sonst nur selten zusammen auftreten, wie geringes Gewicht und hohe Steifigkeit.
Die Natur hat im Laufe der Evolution Strukturen entwickelt, die man ebenfalls als Faserverbundstoffe auffassen kann. Beispielsweise sind beim Bambus (S. 36, Abb. 3) Fasern aus Holzzellen in ein Grundgewebe (Parenchym) eingebettet. Für die Technik ist dabei besonders interessant, dass diese „natürliche Faserverbundtechnik“ auf mehreren Organisationsebenen eingesetzt wird und damit das Prinzip **Leichtbau** noch weiter optimiert wird. Solche Kombinationen aus mehreren Prinzipien sind typisch für biologische Strukturen, wurden jedoch bisher von Ingenieuren kaum genutzt.

Die Natur setzt Material so sparsam wie möglich ein. Bei Biegung ist die Spannung am Rand am höchsten, also muss auch nur dort das eingesetzte Material besonders fest sein. Da feste Materialien in der Natur relativ „teuer“ sind, wäre es Verschwendung, in Bereichen mit geringen Spannungen ebenfalls sehr feste Materialien einzusetzen. In biologischen Strukturen gibt es deshalb häufig Materialgradienten. Ein **Gradient** ist ein allmählicher Übergang von einer Eigenschaft zu einer anderen (Abb. 3).

Strukturprinzipien aus der Biologie in der Technik

Der **technische Pflanzenhalm** ist mechanisch sehr stabil und gleichzeitig schwingungsdämpfend (Abb. 1). Er wird aus Fasern (z. B. Sisal, Hanf, Glasfasern) geflochten und anschließend mit einer Einbettungsmatrix getränkt (z. B. Polyurethan, Polyethylen). Dieser Faserverbund ist **strukturoptimiert** und kann mehrere **Gradienten** aufweisen: Je nach Belastung kann der Winkel, die Dicke oder die Dichte der Fasern graduell verändert werden.
Der „technische Pflanzenhalm" ist also weniger ein fertiges Produkt als vielmehr eine neuartige textile Produktionsmethode, mit der eine Struktur gezielt hergestellt werden kann, z. B. für Anwendungen in der Architektur, im Automobilbau oder in der Luft- und Raumfahrt. Er vereinigt Eigenschaften, die es in dieser Zusammensetzung weder in der Natur noch in der Technik vorher gegeben hat.

1 Der „technische Pflanzenhalm" ist ein textiles Hohlprofil mit Funktionskanälen, das mechanisch sehr stabil und gleichzeitig schwingungsdämpfend ist. Vorbilder waren Schachtelhalm und Pfahlrohr, ein verholztes Gras.

Messer und „rattenscharfe Zähne": Die selbstschärfenden Nagezähne von Ratten (Abb. 2) dienten als Vorbild für Messer, die nicht mehr stumpf werden. Rattenzähne bestehen aus relativ weichem Zahnbein (Dentin), mit einer dünnen Schicht sehr hartem Zahnschmelz auf der Vorderseite. Durch die unterschiedliche Abnutzung von Dentin und Schmelz entsteht eine Schneidekante, die sich selbst schärft. In der technischen Umsetzung wird der Grundkörper aus einer Metalllegierung hergestellt, an dessen gewölbter Außenseite eine etwa doppelt so harte Keramikschicht aufgelagert wird (s. S. 20 unten). Der Einsatz spart Zeit zum Wechseln der Messer, die der Produktion verloren ginge. Im biologischen Vorbild und in der technischen Umsetzung werden dieselben Strukturprinzipien eingesetzt. Die Natur wird also nicht kopiert, sondern kreativ in die Technik übertragen.

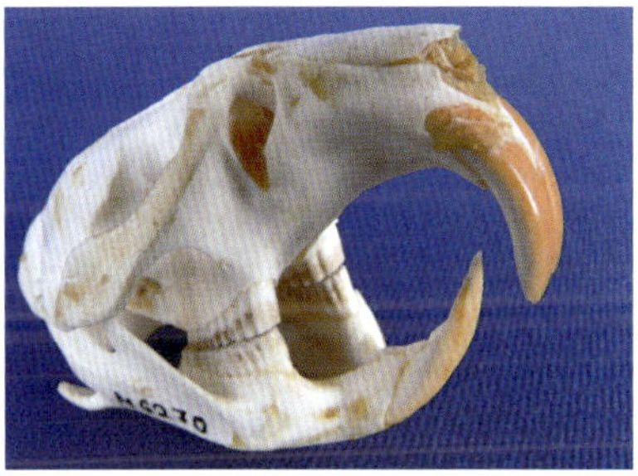

2 Nagezähne am Schädel einer Wasserratte

Katzenpfoten und Reifenprofile: Der Gepard (Abb. 3) hat auch bei hohen Geschwindigkeiten sicheren Halt beim Bremsen und bei Richtungswechseln. Er schafft dies, indem sich die weichen Pfoten verbreitern und damit eine größere Kontaktfläche mit dem Boden hergestellt wird. Nach diesem Prinzip hat ein Reifenhersteller einen Autoreifen entwickelt, mit dem Autos einen möglichst kurzen Bremsweg haben. Um die Kraftübertragung vom Auto auf die Fahrbahn zu verbessern, wurde das Prinzip der Katzenpfote auf die Kontur eines Autoreifens übertragen und weiter angepasst. Der bionische Reifen wird beim Bremsen breiter und kann so die auftretenden Kräfte mit mehr Gummi auf dem Asphalt aufnehmen.
Auch dieses Beispiel zeigt, dass es darauf ankommt, die zugrunde liegenden Prinzipien zu verstehen, um sie dann mit anderen Herstellungsmethoden, Materialien oder abweichenden Rahmenbedingungen technisch umzusetzen und kreativ weiterzuentwickeln.

3 Der Gepard kann für einige Hundert Meter Geschwindigkeiten von über 100 km/h erreichen. Da seine Beute oft Haken schlägt, muss er auch bei hohem Tempo abbremsen und seine Laufrichtung ändern können. Die dabei auftretenden Trägheitskräfte müssen über die Pfoten in den Boden geleitet werden, ohne dass der Gepard dabei den Halt verliert.

1 Aus der eindrucksvollen Blüte der Lotuspflanze entwickelt sich eine kräftige Fruchtkapsel.

Lotus – die Blume der Reinheit

Der Indische Lotus (botanischer Name: *Nelumbo nucifera*) ist eine ganz besondere Wasserpflanze. Ihre großen, runden Blätter stehen aufrecht im Wasser (S. 34 oben). Sie liegen nicht wie Seerosenblätter auf der Wasseroberfläche – und mit den Seerosen ist der Indische Lotus auch nicht verwandt. Lotusblätter sind praktisch immer sauber. Wahrscheinlich ist Lotus deshalb die heilige Blume Indiens. Der hinduistischen Sage nach entstand die Lotuspflanze aus dem Nabel des Gottes Wischnu, und Brahma, der Schöpfer der Welt, saß im Mittelpunkt ihrer Blüte. Auch für Buddhisten ist diese Pflanze ein Symbol der Reinheit.

Uralt und weit verbreitet

Fossilfunde zeigen, dass Lotus in der Kreidezeit vor etwa 100 Millionen Jahren in Nordamerika, Europa und Asien vorkam. Noch im Zeitalter des Tertiärs vor etwa 30 Millionen Jahren wuchsen auch im damals tropisch warmen Deutschland Lotuspflanzen. Erst mit den Eiszeiten vor ca. 2 Millionen Jahren verschwanden sie aus Europa. In Nordamerika und Asien konnten sie vor dem aus Norden heranrückenden Eis „fliehen" und sich später wieder nach Norden ausbreiten. Heute findet sich der amerikanische Lotus von der kanadischen Grenze bis nach Mexiko. In Asien kommt Lotus vom russischen Amurgebiet bis zum tropischen Australien vor (Abb. 2).
In Indien und im tropischen Asien ist Lotus aber wahrscheinlich erst mit der buddhistischen Missionierung in historischer Zeit eingeführt worden. Lotus ist also gar keine ursprünglich tropische Pflanze. Dies erklärt auch, warum sie die kalten Winter der gemäßigten Breiten so gut übersteht. Nachdem im Spätherbst die Blätter abgestorben sind, überdauert ein Wurzelstock am Grund des Gewässers und treibt im Frühjahr wieder aus. Dann erheben sich die Blätter makellos sauber aus dem Uferschlamm.
Die großen creme- bis rosafarbenen Blüten der Lotuspflanze sind eindrucksvoll. Sie gelten in Asien als Symbol vor allem weiblicher Schönheit. Wohl auch deshalb hat die Züchtung von Kulturformen des Lotus in Asien eine lange Tradition. Schön und trickreich locken die Blüten Insekten zur Bestäubung an. Sie heizen sich durch besondere Stoffwechselvorgänge auf und sind bis zu 10 °C wärmer als die Umgebung. Dadurch werden Duftstoffe noch besser verbreitet und vor allem Käfer angelockt. Diese verbringen im warmen Innern der Blüten oft die Nacht und fliegen am anderen Morgen weiter, um den Pollen zu verbreiten. Nach der Befruchtung entwickelt sich eine kräftige Fruchtkapsel (Abb. 1).

2 Heutiges Verbreitungsgebiet der Lotuspflanze

Lotusblätter sind immer trocken und sauber. Wassertropfen rollen einfach von ihnen ab und transportieren dabei Staub und anderen Schmutz mit sich (Abb. 1). Die Blätter sind unbenetzbar und reinigen sich mit jedem Regenschauer selbst. Doch wie kommt es, dass diese Selbstreinigung beim Lotus und bei anderen Pflanzen, z. B. beim Weißkohl, so gut funktioniert? Wie sind die Oberflächen dieser Pflanzen aufgebaut?
Erst in den 1980er Jahren konnten diese Fragen durch Untersuchungen mithilfe des Rasterelektronenmikroskops (REM) geklärt werden. Bei 10 000-facher Vergrößerung sind die spitzen Fortsätze der Zellen des obersten Gewebes eines Blatts (Epidermis) gut zu erkennen, die wiederum kleinste röhrenförmige Erhebungen aus Wachs tragen (Abb. 3). Eine solche Oberfläche aus kleinsten Gebilden ist „nanostrukturiert" (griech. *nanos:* Zwerg).

1 Wassertropfen rollen von der Blattoberfläche der Lotusblätter ab und tragen dabei Verunreinigungen mit sich.

Wassermoleküle ziehen sich gegenseitig an. Das bezeichnet man als „Kohäsion" (lat.: Zusammenhalt). Von wachsartigen Oberflächen werden sie abgestoßen, weshalb man diese hydrophob, also wasserfeindlich, nennt. Beide Kräfte wirken bei einem Tropfen so, dass er halbkugelförmig auf der Blattoberfläche liegt (Abb. 2). Je feiner die Gebilde auf der Blattoberfläche sind, desto stärker kugelt sich der Tropfen ab. Damit wird auch die Kontaktfläche zwischen Tropfen und Blatt kleiner. Durch die vielen winzig kleinen Wachsstrukturen wird die tatsächliche Kontaktfläche weiter reduziert. Daher sind die Haftkräfte, die den Tropfen auf der Blattoberfläche halten, äußerst klein. Wenn das Blatt nur ein wenig geneigt ist (ein Winkel von 1° reicht), fängt der Tropfen an zu rollen und ist nach kurzer Zeit wegen der minimalen Reibung fast so schnell wie ein frei fallender Regentropfen.
Grundsätzlich sind alle pflanzlichen Oberflächen von Wachsen bedeckt. Oft sind diese Wachskristalle schon mit dem bloßen Auge sichtbar, z. B. auf Weinbeeren. Das Wachs lässt sich aber mit dem Finger abwischen, dann bleiben Wasser und Schmutz auf der Oberfläche haften.

2 Auf wachsartigen Blattoberflächen kugelt sich ein Wassertropfen stärker ab als z. B. auf Papier.

Plastische Bilder aus dem Mikrokosmos

Im **Rasterelektronenmikroskop** (REM) wird ein Elektronenstrahl so über das zu betrachtende Objekt geführt, dass auf einem Bildschirm eine Abbildung der Oberfläche des Objekts entsteht. Es wird also nicht wie beim Lichtmikroskop oder beim normalen Elektronenmikroskop („Transmissionselektronenmikroskop") „durchleuchtet", sondern abgetastet.
So erhält man scheinbar dreidimensionale Bilder. Das ist technisch ziemlich aufwendig. Die meisten Objekte müssen zunächst mit einer feinen Lage Gold bedampft werden.

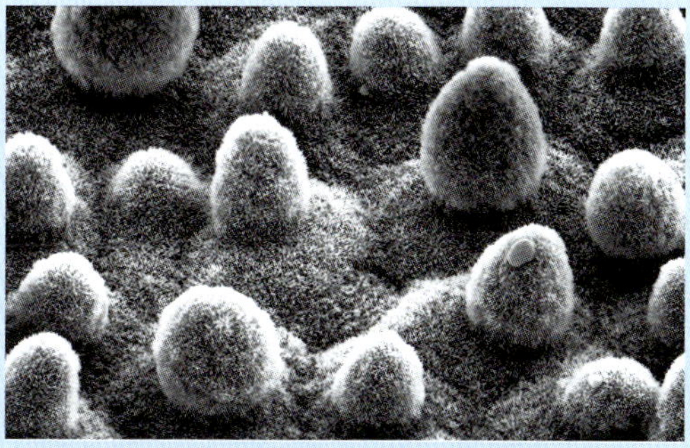

3 REM-Bild der Wachsröhren an der Oberfläche eines Lotusblatts bei 10 000-facher Vergrößerung

Schmutz – nicht schön und oft gefährlich

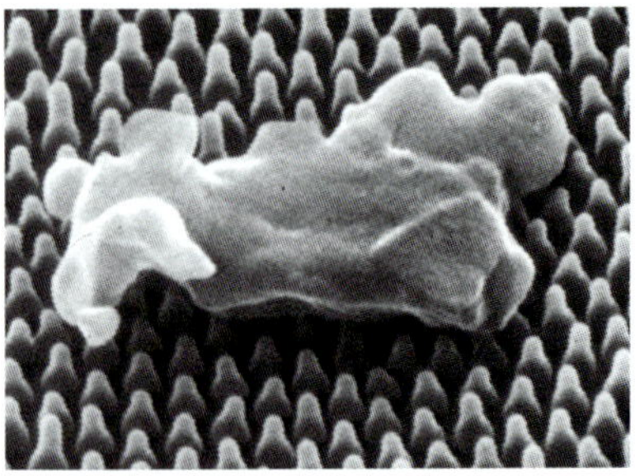

1 Rasterelektronenmikroskopische Aufnahme von Schmutz auf einem Zikadenflügel

Staubpartikel finden sich überall in der Luft, und sie setzen sich auch auf Oberflächen ab. Das sieht nicht nur unschön aus, sondern kann für Pflanzen und Tiere auch gefährlich sein (Abb. 1). Schmutz verstopft die lebenswichtigen Spaltöffnungen der Blätter und verhindert so die Aufnahme von Kohlenstoffdioxid für die Fotosynthese. Außerdem können manche Partikel die Blattoberfläche chemisch schädigen. Besonders gefährlich können aber Bakterien und Pilzsporen werden, denn sie schädigen die Pflanzengewebe, wenn sie genug Zeit haben, um sich zu vermehren und zu wachsen. Wie bei uns Menschen bedeutet Sauberkeit also auch Gesundheit.

2 Wassertropfen reißen auf Lotusblättern sogar fettige Pulver mit sich fort.

Die Selbstreinigung auf der Blattoberfläche funktioniert sogar bei hydrophoben (wasserfeindlichen) Partikeln, z. B. dem Farbpigment Sudanrot (Abb. 2). Dieser hartnäckige Farbstoff, ein fettiges Pulver, wird auch dazu benutzt, um Geld zu „markieren". Er lässt sich tagelang nicht von Bankräuberhänden entfernen – aber auf Lotusblättern bleibt selbst dieser Superfarbstoff nicht haften und kann einfach mit Wasser abgespült werden. Da wegen der Nanostrukturierung die Kontaktflächen so klein sind (Abb. 3), spielt es kaum eine Rolle, ob das Verschmutzungsmittel wasseranziehend und fettabstoßend ist (wie z. B. Lehm) oder wasserabstoßend und fettanziehend (wie z. B. Rußteilchen).

Aus den Untersuchungen am Lotusblatt resultiert das **Oberflächenparadox:** glatt und schmutzig, rau und sauber. Lange Zeit glaubte man, dass nur besonders glatte Flächen sauber sein können. Heute weiß man: Je rauer die Oberfläche ist (also je mehr Wachsgebilde sie zeigt), desto schlechter lässt sie sich mit Wasser benetzen und verschmutzen. Glatte Oberflächen ohne Wachskristalle sind benetzbar und verschmutzen leicht.

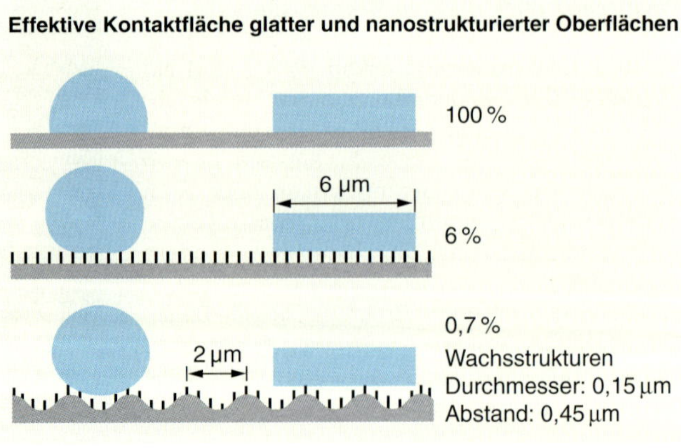

3 Ein Schmutzpartikel liegt auf einer nanostrukturierten Oberfläche wie ein Fakir auf dem Nagelbrett, d. h., seine Kontaktfläche ist äußerst klein. Bei den „superhydrophoben" (also extrem wasserabweisenden) Pflanzenoberflächen beträgt diese Fläche weniger als 1 % der Partikelfläche. Ein Tropfen, der über die Blattoberfläche rollt, nimmt das Schmutzteilchen auf und reißt es mit sich fort. Der Grund: Die Adhäsionskraft zwischen Tropfen und Schmutz ist wegen der größeren Kontaktfläche zwischen beiden stärker als die Haftung des Schmutzpartikels an der Blattoberfläche.

Technische Anwendungsmöglichkeiten

1 Auf einer glatten Oberfläche (links) kann ein abrollender Wassertropfen Schmutzpartikel nicht „mitnehmen". Dies ist nur auf einer nanostrukturierten Oberfläche möglich (rechts).

Die technische Übertragung der Selbstreinigung ist von seinen Entdeckern als **Patent** geschützt worden. Das bedeutet: Niemand darf ohne Erlaubnis solche Oberflächenmaterialien mit einer Nanostrukturierung herstellen und verkaufen, die wegen dieser besonderen Eigenschaft sauber bleiben.
Warum der Patentschutz? Der Grund ist: Es geht um viel Geld. Der Selbstreinigungseffekt hat zahlreiche Anwendungsmöglichkeiten, z. B. bei Hauswänden, Dächern, Fahrzeugen, Badezimmern und Textilien.

Das erste technische Produkt mit Lotus-Effekt® war eine Anstrichfarbe für Hausfassaden, die sich inzwischen hunderttausendfach bewährt hat. Jeder kennt das Problem: Ein Hausanstrich oder ein neu gedecktes Dach mag im ersten Jahr noch so frisch aussehen – nach wenigen Jahren trüben Schmutz und Algenbewuchs den Glanz, besonders an den Wetterseiten. Dort lässt der Regen hässliche Schmutzstellen zurück und sorgt für eine grün-graue Mikroflora (Abb. 2).

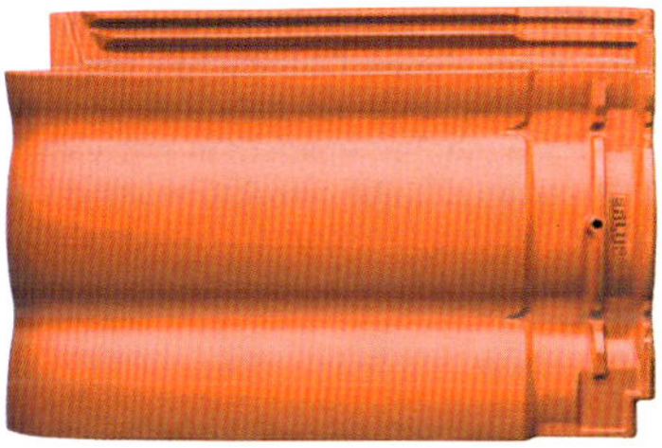

2 Auf herkömmlichem Material bilden sich nach einiger Zeit Schmutz- und Algenbeläge. Veredelte Dachziegel reinigen sich immer wieder selbst.

Das Säubern von Häuserwänden und Dächern kostet viel Geld. Wer einen Anstrich mit Lotus-Effekt verwendet hat, spart auf Dauer. Denn das Prinzip ist ganz einfach. Die Gebäudefarbe bildet nach dem Anstrich eine „nanostrukturierte", hoch wasserabweisende Oberfläche, ähnlich wie die Wachsoberfläche eines Lotusblatts. Schmutzpartikel, aber auch Algen- und Pilzsporen lagern nur lose auf den winzigen Erhebungen und werden vom Regenwasser weggerissen (Abb. 1). Natürlich ist auch eine Reinigung durch Absprühen mit Wasser möglich. Auf jeden Fall bleiben so behandelte Fassaden länger sauber.

Selbstreinigende Textilstoffe wurden ebenfalls entwickelt und finden vor allem für Markisen und Zelte Verwendung (Abb. 3). Vorübergehenden Schutz vor Verunreinigung bietet ein Spray. Ein Spezialglas, das bei Mautstellen-Sensoren eingesetzt wird, hat ebenfalls eine Lotus-Effekt-Oberfläche.

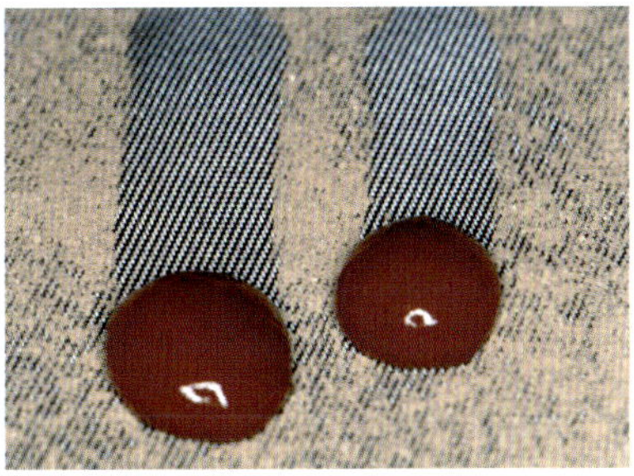

3 Selbstreinigendes Gewebe

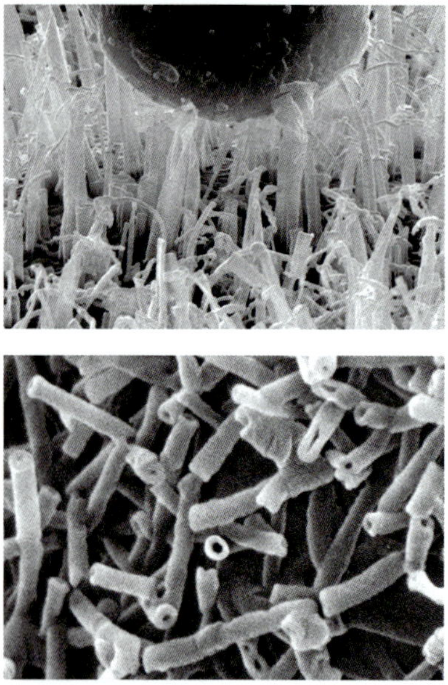

1 Die Nanostrukturen von Pflanzenblättern bestehen aus Wachskristallen, die sehr unterschiedlich geformt sein können. Anders als die „warzenbesetzten" Lotusblätter tragen Kohlblätter bäumchenartige Wachsgebilde (oben). Die Oberfläche von Nelkenblättern ist mit Wachsröhrchen bedeckt. Allen diesen Oberflächen gemeinsam ist aber, dass sie sehr empfindlich sind. Ein einfaches Abwischen mit einem Tuch zerstört die Nanostrukturen, und die Selbstreinigung funktioniert nicht mehr.

Hydrophob oder hydrophil?

Die Selbstreinigung lässt sich an vielen heimischen Pflanzen beobachten. Besonders deutlich ist er bei Blättern der Kapuzinerkresse, der Kohlpflanzen, bei Gras- und Schilfblättern.
Am einfachsten kann man Blätter mit dem Auftropfen von Wasser untersuchen. Je deutlicher die Kugelform eines Tropfens auf dem Blatt ist, desto größer ist auch die wasserabstoßende (hydrophobe, d. h. wörtlich „wasserfeindliche") Wirkung der Kutikula, also des „Häutchens" aus Wachs, das die oberste Zellschicht des Blatts schützt. Breitet sich das Wasser dagegen auf der Blattoberfläche aus, so ist die Blattoberfläche eher wasseranziehend (hydrophil, also wörtlich „wasserfreundlich").

Der **Kontaktwinkel** des Tropfens (Abb. 2) ist eine Maß dafür, wie stark eine Oberfläche Wasser anzieht oder abstößt. Eine Fläche mit einem relativ flachen Tropfen-Kontaktwinkel von weniger als 90° nennt man hydrophil, eine mit einem Kontaktwinkel von mehr als 90° hydrophob.
Den Kontaktwinkel kann man messen, wenn man einen Tropfen von der Seite fotografiert. Mithilfe einer Lupe und einer Digitalkamera kann man solche Bilder einfach erstellen, ausdrucken und auswerten.

Hydrophobie allein garantiert aber noch keine Selbstreinigung. Auf Teflon (einem extrem glatten Material, das vor allem für Kochgeräte eingesetzt wird) haben Wassertropfen einen maximalen Kontaktwinkel von 120°. Zum Vergleich: Auf Blattoberflächen kann er bis zu 170° erreichen.
Der Grund: Nur wenn die Oberfläche durch Wachskristalle „nanostrukturiert" ist, sind die Haftungskräfte äußerst klein. Dann wirkt die Oberflächenspannung, und der Tropfen zieht sich kugelförmig zusammen.
Auf hydrophilen Oberflächen breitet sich ein Tropfen dagegen aus. Das passiert z. B. bei Wassertropfen auf Papier. Je rauer dieses ist, desto größer wird der Durchmesser des Tropfens.

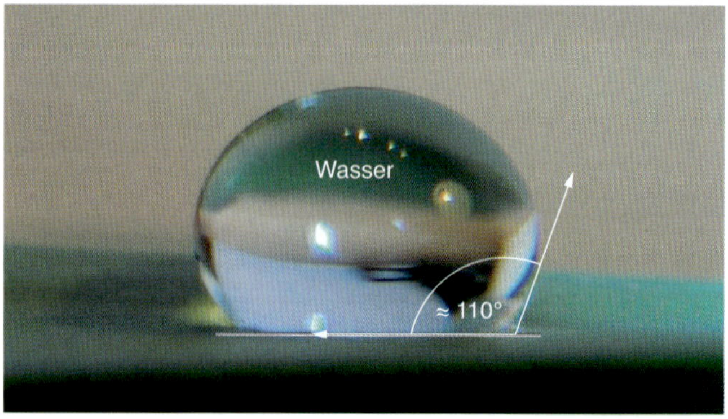

2 Die Blattfläche und der direkt darauf liegende Wasserrand bilden einen Winkel, den man auf dem Ausdruck mit einem Geo-Dreieck bestimmen kann. Dies ist der Kontaktwinkel, der erkennen lässt, ob eine Oberfläche benetzbar (wasserfreundlich) oder unbenetzbar (wasserfeindlich) ist.

Aufgaben

Strukturen unter Belastung

1. Begründe, warum eine Kette ein extremes Beispiel für anisotrope Eigenschaften ist! Berücksichtige, wie sie sich unter Zug und unter Druck verhält!

2. Informiere dich über Wirkungen von Druck- und Zugkräften in der Natur!
   a) Erkläre, warum gestrandete Wale verenden! Sie sind doch Säugetiere und können an Land atmen.
   b) Welche mechanischen Eigenschaften sollten Lianen besitzen? Warum?

3. Vergleiche einen Teigfladen vor dem Backen und nach dem Backen als Keks auf seine Steifigkeit und Festigkeit!

4. Was ist mit „Survival of the cheapest" gemeint? Wo geht die Natur dagegen anscheinend verschwenderisch mit Ressourcen um?

5. Nach der Formel zur Berechnung der Reibungskraft ist diese unabhängig von der Größe der Kontaktfläche:
   $$F_R = \mu \cdot F_G$$
   (F_R: Reibungskraft, μ: materialabhängige Reibungskonstante, F_G: Gewichtskraft).
   Begründe, warum breite Autoreifen trotzdem besser bremsen als schmale!

6. Viele natürliche Materialien können mit Kunststoffen in der Werkstoffklasse der Polymere zusammengefasst werden. Vergleiche typische Eigenschaften von Polymeren mit denen von Metallen, Keramiken (auch Gestein und Mineralien) und Gläsern.
   Fertige ein Poster über Materialien, ihre Eigenschaften und ihre Verwendungen an!

7. Finde typische Beispiele für Gradienten aus Sicht eines Mathematikers, Grafikdesigners, Musikers und Sportlers!

8. Welche Zugstrukturen kannst du in deiner Umgebung erkennen? Welche Druckstrukturen könnte man vielleicht durch Zugstrukturen ersetzen?

9. Überlege, welche Funktion die Zwischenwände an den Knoten von Bambus und anderen Gräsern haben könnten!

10. Erkunde die Wirkung von Druck auf unterschiedliche Oberflächen mit deinem Tastsinn!
    a) Lege deine Hand auf ein Nagelbrett und drücke sie leicht auf! Verwende einmal viele und einmal wenige Nägel!
    b) Lege einen Kronkorken auf den Tisch und stütze dich sanft mit der Hand darauf ab! Beschreibe dein Schmerzempfinden für jede Seite!

11. Entwirf eine Versuchsanordnung, mit der du die Festigkeit von Spaghetti, Holzspießen oder Ästen ermitteln kannst!
    Führe damit Messreihen durch und stelle die Ergebnisse in einem Diagramm dar!
    Beachte die Reproduzierbarkeit des Versuchs!

12. Baut in Gruppen Brücken, die bei möglichst geringem Materialeinsatz möglichst stark belastbar sind!
    Vorbereitung:
    a) Material: Spaghetti, Heißkleber
    b) Fertigt Konstruktionszeichnungen an, diskutiert in der Gruppe und wählt eine aus!
    Durchführung:
    a) Baut eine Brücke mit einer Spannweite von 40 cm!
    b) Messt die Belastbarkeit mit aufgelegten und angehängten Gewichten!
    Auswertung:
    a) Setzt die Belastbarkeit in Beziehung zur Masse des verbauten Materials!
    b) Bewertet alle Brücken in der Klasse!

13. Untersuche die Zugfestigkeit von Zeitungspapier!
    a) Hänge ein Gewicht an eine trockene Zeitung! Spritze die Zeitung mit einer Wasserspritzpistole nass!
    b) Vergleiche deine Beobachtung mit Beobachtungen, die du an anderen zugbelasteten Materialien gemacht hast (z. B. dicke Schiffstaue, dünne Stahltrosse)!

Selbstreinigung – wir schauen genau hin

14. Finde heraus, welche Materialien hydrophil und welche hydrophob sind!
    a) Gib jeweils etwas Wasser zu einer Probe verschiedener Stoffe und mische! Verwende z. B.:
       - getrockneten und im Mörser zerriebenen Gartenlehm
       - Ruß (halte einen Metalllöffel über eine brennende Kerze)
       - Kopierer- oder Druckertoner
       - Grafitstaub (für das „Schmieren" von Schlössern zu kaufen)
    b) Stelle als Tabelle dar, welche Stoffe sich gut mit Wasser mischen und welche nicht!

15. Stelle ein selbst gemachtes „Lotusblatt", d. h. eine sich selbst reinigende Oberfläche, her!
    a) Halte einen Objektträger in eine Kerzenflamme!
    b) Tropfe mit der Pipette einen Wassertropfen auf die Rußschicht!
    c) Beschreibe deine Beobachtung!
    d) Vergleiche die Rußschicht mit der Wachsschicht auf dem echten Lotusblatt!

16. Beobachte die Selbstreinigung eines Blatts!
    Vorbereitung:
    Stelle Material bereit: Blätter z. B. von Kapuzinerkresse, Kohlrabi, Gras, Lehmstaub, Wasser, Pipette, Lupe!
    Durchführung:
    a) Gib etwas Lehmstaub auf ein Blatt!
    b) Tropfe mit der Pipette einen Tropfen Wasser auf die Verschmutzung! Halte das Blatt schräg und lass den Tropfen vorsichtig abrollen!
    c) Beobachte das Blatt! Betrachte den Wassertropfen mit der Lupe!
    d) Reibe kräftig auf der Oberfläche eines Blatts und wiederhole den Versuch!
    Auswertung:
    a) Vergleiche die Selbstreinigung der Blätter vor und nach dem Abreiben der Wachsschicht!
    b) Bei einem Lotusblatt bleiben feine Staubpartikel zwischen den Papillen liegen. Der Wassertropfen rollt nur über die Papillenspitzen hinweg und erreicht den in den „Tälern" liegenden Staub nicht. Erkläre mithilfe der Abbildung, warum die Blätter dennoch immer sauber sind!

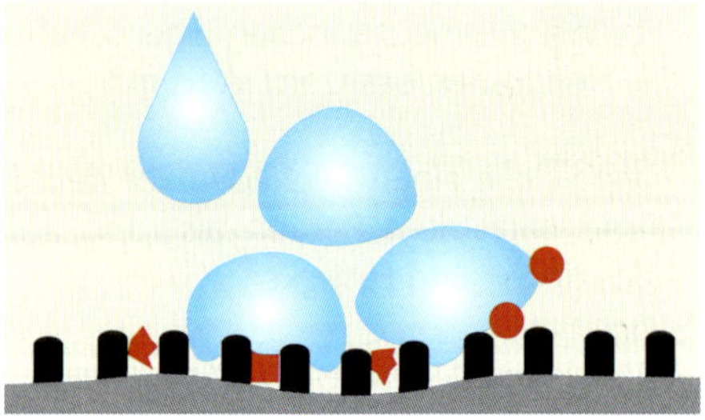

17. Beobachte die Selbstreinigung bei einer hydrophoben Verschmutzung!
    Vorbereitung:
    Stelle Material bereit: Blätter z. B. von Kapuzinerkresse, Kohlrabi, Gras, Ruß, (s. Aufg. 14), Wasser, Pipette, Lupe!
    Durchführung:
    a) Gib etwas Ruß auf ein Blatt!
    b) Tropfe mit der Pipette einen Tropfen Wasser auf den Ruß! Halte das Blatt schräg und lass den Tropfen vorsichtig abrollen!
    c) Beobachte das Blatt! Betrachte den Wassertropfen mit der Lupe!
    Auswertung:
    Stelle Vermutungen an, warum sogar hydrophobe Verschmutzungen mit Wasser einfach von der Blattoberfläche gewaschen werden!

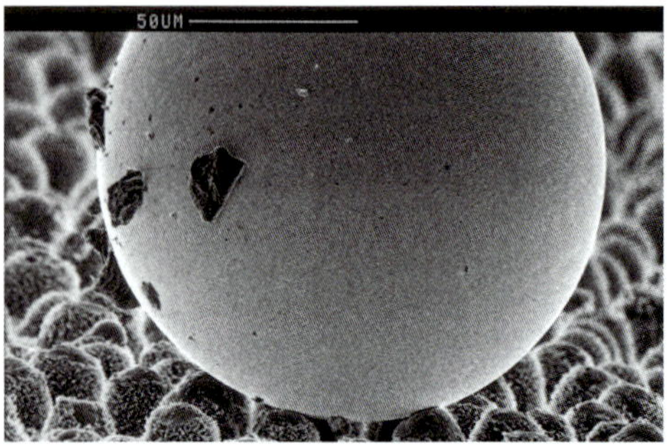

3.2 Baubionik – wie baut die Natur?

Schon in den Anfängen der menschlichen Entwicklung hatte der Mensch das Bestreben, vor den Extremen der Natur **Schutz** zu suchen, in Höhlen, in Hütten, in Zelten, in Iglus. Dabei diente ihm als Baumaterial stets das, was die Natur der jeweiligen Umgebung hergab. Aber nicht nur der Mensch, sondern auch Tiere und sogar Pflanzen haben sich so etwas wie eine **Behausung** geschaffen (Abb. 1, 2).

Eine einheitliche kontinuierliche Entwicklung der Behausungen in der Geschichte der Menschheit ist nicht nachweisbar. Die Art des Bauens hing ganz stark vom Klima ab, den Lichtverhältnissen der Region und von den dort zur Verfügung stehenden Materialien. Diese Faktoren hatten natürlich auch Rückwirkung auf die konstruktiven Möglichkeiten. Deshalb hatten bis weit ins 20. Jahrhundert hinein Profan- und auch Sakralbauten stets je nach Region ihren unverwechselbaren Charakter. Sie waren nur für ihre Region geeignet, dafür aber besonders gut (S. 48, Abb. 1).

1 Pflanzen schützen besonders ihre Früchte gegen Einflüsse und Belastungen von außen. Welche Belastungen könnten das sein?

2 Verschiedenartige Tierbauten: Termitenbau, Muschel, Schnecke, Wespennest, Korallenstock, Schwalbennest

1 Regionaltypische Bauformen unterschiedlicher Klimazonen:
a) Tessin (Verzascatal): Den Talbewohnern stand als Baumaterial nur Granit zur Verfügung. Als Platten (bis zu 70 cm dick) wurde es für Wände und Dächer zusammengefügt. Die Häuser bieten Kühlung im Sommer und speichern im Winter Wärme. Sie stehen so eng beieinander, dass sie sich gegenseitig Schatten spenden und sich vor Kälte schützen.
b) Nordkanada: Die traditionelle Behausung der Ureinwohner ist der Iglu, ein aus Eisquadern zusammengefügter Kuppelbau. Diese Form bietet die geringste Oberfläche bei größtem Raumvolumen. Das Schmelzwasser kann abfließen, die Innentemperatur sinkt nie unter 0 °C.

Der Weg in die **Moderne** ist in der Architektur eng an das Aufkommen des Betons gekoppelt. Durch die Verwendung von **Beton** als Baumaterial und durch die Nutzung neuer Techniken konnten sich die Menschen weitgehend von der Regionalität des Bauens unabhängig machen. Es setzte eine Globalisierung in der Architektur ein. Viele „intelligente" traditionelle Lösungen gingen verloren, andere, neue, ungeahnte Möglichkeiten taten sich auf, z. B. der Hochhausbau.

Innen liegende Räume wurden erst durch zusätzliche Belüftung und Beleuchtung möglich. Diese **neue Unabhängigkeit** bewirkt allerdings einen immer größer werdenden Energiebedarf. Der menschliche Bezug zum Außenraum beim Wohnen, aber auch beim Arbeiten geht immer häufiger verloren.

2 Marokko: Die typischen Lehmbauten entstanden aus dem in der Region zur Verfügung stehenden Lehm, der entweder zu Ziegeln gepresst oder zu Stampflehm verbaut wurde. Die nur luftgetrocknete, nicht gebrannte Verarbeitung sorgte für ein ausgeglichenes Raumklima.

Bionik als neue Chance für menschengerechtes Bauen

Bionik in der Architektur bedeutet, den Baukörper durch Ausrichtung, Materialwahl und Konstruktion in den natürlichen Kreislauf seiner Umgebung wiedereinzubinden. Das kann nicht ein Kopieren natürlicher Konstruktionen, ein einfaches Nachmachen von Tierbauten oder Pflanzenwuchs sein. Natürlich kann man nicht in einem nachgebauten Tierbau wohnen, die Bedürfnisse des Menschen müssen berücksichtigt werden.
Bionik in der Architektur verlangt einen sehr hohen Abstraktionsgrad vom Vorhandenen. Wir können nur **Prinzipien der Natur,** die erkannt und erforscht werden müssen, zur Grundlage des Bauens nehmen.

Der Entwicklung von Bauprinzipien im Laufe der Evolution liegen folgende Ziele zugrunde, die auch in der Architektur eine Rolle spielen:

- minimaler Materialaufwand bei größtmöglicher Stabilität
- minimaler Einsatz von Energie zur Erhaltung einer optimalen Körper- oder Umgebungstemperatur

Ihre Analyse eignet sich deshalb zur Optimierung von Wand-, Decken- und Fassadenkonstruktionen. So kann man kostengünstig, flächen- und energiesparend bauen.
Darüber hinaus berücksichtigt die bionische Baukunst:

- die Gestaltung des Grundrisses auf Grundlage typisch menschlicher Verhaltensweisen (Abb. 1)
- die Nutzung des Tageslichts unter Anwendung der Erkenntnisse über seine Auswirkungen auf das Wohlbefinden
- das Schaffen eines natürlichen Raumklimas durch Nutzung der vorhandenen Thermik und des dynamischen Temperaturverhaltens der Baumaterialien
- die Einbindung des Baukörpers in die natürlichen Kreisläufe

Bionische Baukunst bringt eine eigenständige Formensprache hervor. Sie ist nicht Bauen eines organisch aussehenden Baukörpers, sie ist in sich und allen Details organisch.
Bionik in der Architektur bestimmt damit Gestaltung und Ästhetik maßgebend.

1 Raum- und Wohnstrukturen müssen menschlichen Verhaltensweisen angepasst sein. Trampelpfade in Grünanlagen entstehen u. a. deshalb, weil Wege unzweckmäßig angelegt wurden. Architekturentwürfe, die gegen die Natur arbeiten, verursachen bei nachträglicher Korrektur zusätzliche Kosten und erhöhten Energieaufwand.

Bionik bestimmt das **Erscheinungsbild** einer Architektur – das Erscheinungsbild allein ist nicht Bionik. Bionische Architektur setzt **Prinzipien** aus der Natur um.

Bionische Architektur – ja oder nein?

2 Der Venezuela-Pavillon bei der Expo 2000 in Hannover

Bei der Betrachtung solcher bionisch anmutender Gebilde (Abb. 2) muss man mit der Einordnung „Bionische Architektur – ja oder nein?" vorsichtig sein. Bionik ist nicht nur die äußere Gestalt. Bionische Prinzipien müssen sowohl in der Konstruktion als auch in ihren Detaillösungen angewandt sein.

Im abgebildeten Beispiel ist das wichtigste Bionik suggerierende Detail, nämlich der Schirm, gar keine bionische Lösung. Die Bedienung des Schirms erfolgte über Motoren. Eine bionische Detaillösung hätte zum Öffnen und Schließen nach thermohydraulischen Prinzipien verlangt.

Vorbilder aus der Natur		Architektonische Umsetzung und ihr Nutzen	
Prinzip der Röhrenkonstruktionen			
	Gräser und Schachtelhalme sind leicht, dünnwandig und biegsam. Trotzdem können sie es mit Wind und Wetter aufnehmen, ohne umzuknicken. Gründe für die hohe Stabilität sind die Röhrenstruktur der Halme und bei Schachtelhalmen die Knoten.		Wände und Decken, die wie Röhrenkonstruktionen ausgebildet sind, ermöglichen bei gleicher Grundfläche eine größere Nutzfläche. Bauteile sind wesentlich schlanker und leichter, ohne an Stabilität und Tragfähigkeit zu verlieren. Der Materialaufwand ist geringer.
Prinzip der Verbundstabilisierung			
	Die Faserstruktur und der Faserverlauf bei Übergängen vom Baumstamm zum Ast, vom Ast zum Zweig haben sich je nach Beanspruchung in der Natur unterschiedlich ausgebildet (s. S. 60).	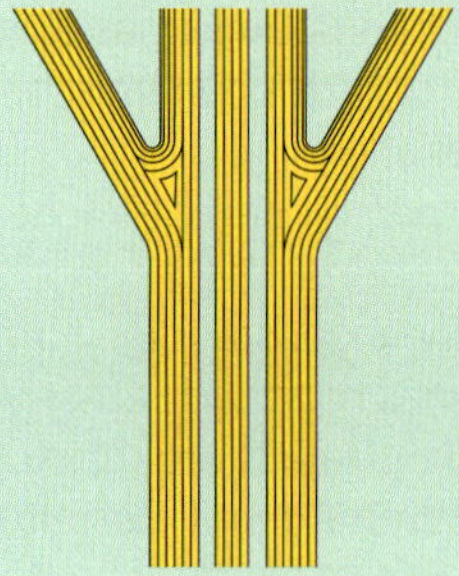	Bionische Holzverbindungen müssen in ihren Knotenpunkten nicht durch Stahlbauteile verstärkt werden. Das verbessert Ästhetik, Materialbedarf und Kraftübertragung (s. S. 59). Bei Verwendung unterschiedlicher Werkstoffe entfallen notwendige Nachbehandlungen.
Prinzip von Rippenstruktur und Faltung			
	Diese Palmblätter erhalten ihre Form durch eine Kombination aus Rippenstruktur und Faltung. Dadurch sind sie sehr leicht und trotzdem sehr stabil. Ähnliche Prinzipien findet man z. B. auch bei Libellenflügeln und Muschelschalen.		Bei Anwendung von Rippenstrukturen und Faltprinzipien auf Decken-, Dach- und Wandausbildungen ist die Überspannung großer Räume ohne Zwischenstützen möglich. Schubkräfte werden durch die „gefaltete Wand" aufgefangen.
Prinzip der verschiedenen Festigkeitszonen			
	Eier haben, bedingt durch ihre Form, verschiedene Festigkeitszonen. Sie sind oben und unten einigermaßen stabil, in der Mitte leicht zerbrechlich. Damit können sie insgesamt dünnwandig sein und es wird verhältnismäßig wenig Material benötigt.		Dünnwandigkeit wie beim Ei ist nur erreichbar, wenn eine Bauform in einem Arbeitsgang hergestellt wird, z. B. bei Kraftwerken. Für andere Bauten ist der Aufwand zu groß. Schwachstellen werden durch Doppelwandigkeit verstärkt. Auch eine Bodenplatte leitet Kräfte ab.

1 Beispiele für Konstruktionsprinzipien der Natur und ihre architektonische Umsetzung

Die bionische Architektur macht sich nicht nur Konstruktionsprinzipien der Natur zu eigen, sie wendet auch Prinzipien der Belüftung und Temperaturregulierung (s. S. 53) sowie der Beleuchtung (Abb. 1) an. Anregungen für innere Strukturen für Raumkonzepte kommen ebenfalls aus der Natur. Im Zusammenspiel entsteht eine eigene, unverwechselbare Formensprache.

Beispiele für die bionische Baukunst

Die bionische Bauweise schafft wieder eine eigene Architektursprache, die bionische Architektur, die sich bei konsequenter Anwendung bionischer Prinzipien zur **bionischen Baukunst** steigert.
Durch die Übernahme von Konstruktionsprinzipien aus der Natur ist es möglich, bei gleicher lichter Raumhöhe und gleicher Geschosszahl die Höhe eines Wolkenkratzers deutlich niedriger zu halten. Als Vorbild diente die Konstruktion eines Baums mit seinem Stammquerschnitt, den Zellstrukturen und der Beschattung des Blätterwerks.
Der Bionik-Tower 108 (Abb. 2) kann z. B. 108 Stockwerke in nur 396 m Baukörperhöhe unterbringen. Bei konventioneller Bauweise ist ein Hochhaus mit 108 Stockwerken 502 m hoch. Das heißt, es wird für 106 m Höhe weniger Material benötigt und der Energieverbrauch im gesamten Gebäude ist wesentlich geringer.
Durch Nutzung der bei Baukörpern dieser Höhe permanent vorhandenen Thermik erfolgt die Be- und Entlüftung weitgehend auf natürlichem Weg. Die Tageslichtlenkung durch Kapillare sorgt auch bei großen Raumtiefen für eine natürliche Beleuchtung (Abb. 1).

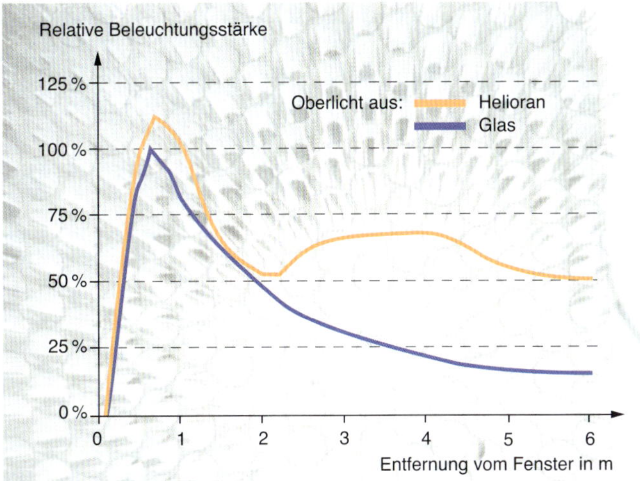

1 Die Kurve verdeutlicht die stärkere Ausleuchtung mit Tageslicht bei Verwendung von Glaskapillaren nach Vorbild des Eisbärfells.

2 Der Bionik-Tower 108 bringt 108 Stockwerke in geringerer Höhe unter als ein konventionelles Hochhaus.

Aufgaben

1. Lebewesen sind Belastungen durch die Umwelt ausgesetzt, denen sie begegnen müssen. Informiere dich, wie sie sich schützen!
   a) Nenne Belastungen aus der Umwelt für Tiere, Pflanzen und Menschen!
   b) Gestalte ein Plakat zu „Bauwerken" aus der Natur! Ordne verschiedene Formen der Behausung verschiedenen Tieren zu!
   c) Informiere dich über Pflanzen, die sich durch so etwas wie ein „Haus" vor Feinden und vor der Umwelt schützen! Wähle eine Pflanzenart aus und beschreibe ihre spezielle Form oder besondere Details!
   d) Wie schützen menschliche Bauten gegen Belastungen aus der Umwelt?

2. Mach dich mit der Fachsprache der Architekten vertraut! Schlage nach, was man unter Profanbauten und Sakralbauten versteht!

3. Die Abbildung zeigt den Bahnhof in Zürich-Stadelhofen, der von SANTIAGO CALATRAVA entworfen und 1990 fertig gestellt wurde.
   a) Diskutiere mit deinen Mitschülerinnen und Mitschülern, ob es sich um bionische Architektur handelt oder nicht!

   b) Informiere dich über den Architekten SANTIAGO CALATRAVA! Recherchiere im Internet nach weiteren Bauten, die er weltweit entworfen hat!
   c) Fasse Gemeinsamkeiten seiner Bauweise zusammen!

4. Führe eigene Beobachtungen zu Konstruktionsprinzipien in der Natur durch!
   a) Sammle Gräser und Schachtelhalme! Schneide die Gräser und den Schachtelhalm quer auf, einen Knoten des Schachtelhalms längs und quer! Zeichne die beobachteten Strukturen!
   Ziehe eine Knotenverbindung ohne Verletzung der Pflanze auseinander! Zeichne erneut und vergleiche!
   b) Sammle Baum- und Strauchzweige! Schneide sie in Längsrichtung auf und zeichne den Faserverlauf der Ast-/Zweigverbindung! Welche Merkmale sind für die Stabilität einer Konstruktion nach diesen Prinzipien wichtig?
   c) Bringe Libellenflügel, ein Palmblatt und Muschelschalen mit! *Tipp:* Libellenflügel findest du häufig in der Nähe von Gewässern. Beachte, dass Libellen unter Naturschutz stehen! Zeichne die Strukturen der Objekte! Welche Gemeinsamkeiten stellst du fest? Benenne die entscheidenden Details für die Stabilität und Leichtigkeit! Überlege dir Konstruktionen, die du nach diesen Grundsätzen herstellen kannst!

5. Du benötigst quer aufgeschnittene, leere Eierschalenhälften. Überlege, wie du sie herstellst, und bringe sie mit!
   a) Zeichne die Formen auf (durch verschiedene Trennungen ergeben sich unterschiedliche Formen)!
   b) Führe mit verschieden hohen Gewichten Belastungsproben durch!
   c) Protokolliere, bei welchem Gewicht und bei welcher Art der Belastung die verschiedenen Eierschalenformen brechen! Finde die optimale Form! *Tipp:* Eine Kugelkette kann dabei helfen.

6. Sammle verschiedene leere Schneckenhäuser! Schneide sie in Längsrichtung auf! Zeichne die Raumstruktur des Schneckenhauses! Erkläre, woher trotz der extrem dünnen Wandung die hohe Stabilität kommt!

7. Entwirf und baue dein Lieblingsgebäude, sei es ein Wohnhaus, ein Turm oder … Denke dabei an bionische Konstruktions-, Lüftungs-, Belichtungs- und Raumprinzipien!

3.3 Der Umgang mit Wärme und Kälte

Im Laufe der Evolution haben Lebewesen praktisch sämtliche Klimazonen der Erde erobert. Sie bevölkern nicht nur die üppigen Regenwälder, sondern besiedeln auch heiße Wüsten und die kalte Tundra. Sie können wie die Streifengänse in eisiger Höhe das Himalaja-Gebirge überfliegen oder wie die Kaiserpinguine in der Kälte der Antarktis im Freien überwintern (Abb. 1). Es gelingt dies nur durch die Erschließung vieler technischer Prinzipien und raffinierter Energietricks. Die **Klimabionik** versucht die angewandten Prinzipien zu verstehen, um auf ihrer Grundlage unser Wissen um klimagerechtes Bauen und Verhalten weiterzuentwickeln.

1 Das Federkleid der Kaiserpinguine stellt ein Wunderwerk an Nano- und Mikrotechnologie dar. Es schließt viele schlecht wärmeleitende, unbewegliche Lufträume ein.

Um sich vor Überhitzung oder Erfrieren zur schützen, müssen Lebewesen bei Hitze Wärme abgeben und bei niedrigen Temperaturen ihre Wärme halten.

Der Vorteil angepasster Formen: Füchse sind in der Wüste schlank, haben hohe Beine und große Ohren. In der Arktis sind sie rund, haben kurze Beine, kleine Ohren und eine kurze Schnauze. Beide Formen sind in der jeweiligen Umgebung günstig, denn sie unterscheiden sich im Verhältnis von Oberfläche zu Körpervolumen. Über die Oberfläche findet der **Wärmeaustausch** mit der Umgebung statt. Im kalten Klima ist deshalb eine möglichst kleine Oberfläche günstig, um wenig Wärme zu verlieren. In der Hitze muss Wärme leicht abgegeben werden. Auch die Verteilung der Fettisolierung ist eine Anpassung an das Leben in unterschiedlichem Klima (Abb. 3).
In der Hitze haben es in der Regel kleine Tiere einfacher. Aber auch ein Elefant kommt gut klar. Er ist so groß, dass er sich im Innern nicht gefährlich stark erhitzen kann. Außerdem hat er große, intensiv durchblutete Ohren, die ihm helfen, die angestaute Hitze an die Umgebung abzugeben.
In heißen Gebieten optimieren Lebensformen auch ihre Bauten mit dem Ziel, die klimatischen Bedingungen günstig zu beeinflussen (Abb. 2). Auch Pflanzen kommen mit extremen Klimaverhältnissen klar (s. Beispiele in Abb. 3).

2 Die Bauten der Kompass-Termiten sind sehr schmal, hoch und genau von Norden nach Süden ausgerichtet. Morgens und abends scheint die Sonne voll auf den Bau. Dies ist wegen der kalten Nächte sinnvoll. Mittags treffen ihre heißen Strahlen nur ein sehr schmales Profil. Damit ist die Temperatur im Termitenbau weitgehend ausgeglichen.

	Kälte	**Hitze**
Tier	Robben haben eine dicke Fettisolierung am ganzen Körper.	Kamele haben am Körper wenig Fett, tragen aber Fett als Überlebensreserve in den Höckern auf dem Rücken, wo es eingestrahlte Hitze abwehrt.
Pflanze	Polsterpflanzen halten Luft im Innern fest. Die Temperatur kann bis zu 10 Grad höher sein als außerhalb.	Fensterpflanzen sind keulenartige Wüstenpflanzen, die nur ihre Fenster aus dem Sand ragen lassen (s. S. 56).

3 Beispiele für Anpassungen an extreme Temperaturbedingungen

1 Das Ausstrecken der Flügel dient diesem Kormoran zum Aufwärmen in der Sonne (a). Die Robben am Rand der heißen Namibwüste nutzen ihre Flossen als Windfänger zum Abkühlen (b).

Der Vorteil dynamischen Verhaltens: Viele Tiere jagen in der Wüste nur in der Nacht und verkriechen sich tagsüber in ihren Höhlen. Auch bei niedrigen Temperaturen suchen viele von ihnen unterirdische Bauten auf oder leben unter dem Schnee. Kormorane, die im kalten Wasser gefischt haben, sieht man oft die Flügel weit ausstrecken und gegen die Sonne richten (Abb. 1a). Die Flossen der Meeressäugetiere, der Robben und Wale, müssen beweglich sein und setzen durch die Schwimmbewegungen viel Energie um. Damit sie wenig Wärme abgeben, sind die blutführenden Venen und Arterien so angeordnet, dass das Blut immer kälter wird, je weiter es in die Flosse hineinfließt. Auf diese Weise wird die Abgabe von übermäßig viel Wärme im kalten Meer vermieden. Denselben Trick der kalten Füße nutzen auch Vögel, wenn sie auf dem Eis herumlaufen. Wenn ein Robbenkörper sich aber zu sehr aufheizt, kann dieselbe Flosse dazu dienen, Wärme abzuleiten (Abb. 1b).

Wie geschickte Verhaltensweisen zum Überleben in extremen Lebensräumen beitragen, zeigt auch die Lebensweise der Kaiserpinguine (s. S. 53, Abb. 1). Wenn sie im antarktischen Eis ihre Eier ausbrüten und den Nachwuchs aufziehen, sind sie extremen Kältebelastungen und eisigen Stürmen ausgesetzt. Sie überstehen sie dadurch, dass sie sich zu ganz dichten, großen Gruppen ballen, deren äußere Mitglieder immer wieder die Chance erhalten, in die körperwarmen Regionen der Innenzone aufgenommen zu werden.

2 Auf zu viel Sonnenlicht reagiert diese Akazie mit dem Zusammenfalten ihrer Blätter (Südindien).

Viele Pflanzen richten ihre Blätter nach der Sonne aus, um möglichst viel Energie zu tanken. Das gilt vor allem für Pflanzen, die nur eine kurze Vegetationszeit haben. Wenn es zu heiß wird, reagieren manche Pflanzen wiederum so, dass sie ihre Blätter aus der Sonne nehmen, sie zusammenfalten, einrollen oder sonst verschatten (Abb. 2).

Viele Tiere überleben unter extremen Bedingungen, weil sie sich richtig **verhalten,** das heißt, der Hitze geschickt ausweichen und die Kälte durch sinnvolle Vorkehrungen überbrücken.

Die Nutzung optischer Effekte: Von vielen Lebewesen werden optische Effekte genutzt, um sich vor schädlicher Strahlung zu schützen, wärmende und für die Fotosynthese notwendige Strahlung aber nutzen zu können. Viele Pflanzen, die im Hochgebirge wachsen, haben z. B. silbrige Blätter, damit sehr viel Strahlung reflektiert werden kann. Auch die Blätter in den Baumkronen von Urwaldriesen reflektieren viel Sonnenlicht, während Blätter weiter unten im Schatten immer mehr Licht absorbieren.

Technische Geräte hingegen können längst nicht so gut auf Einstrahlung reagieren. Silicium-Solarzellen verlieren rund ein Drittel ihrer elektrischen Leistung, wenn sich ihre Oberfläche im Laufe des Tages von 10 °C auf 70 °C erwärmt. Die Blätter der Bäume lassen es gar nicht dazu kommen. Sie erhitzen sich höchstens auf 40 °C–50 °C. Sie erreichen dies, neben der Kühlung durch Wasserverdunstung, indem sie nur das Licht absorbieren, das der grüne Pflanzenfarbstoff Chlorophyll aufnimmt. Alles andere lassen sie entweder weitgehend durch oder reflektieren es. Des Weiteren sind ihre Oberflächen so optimiert, dass die Wärme über langwellige Infrarotstrahlung (10 Mikrometer) effektiv wieder abgestrahlt werden kann. Diese Abstrahlung erfolgt dorthin, wo es am kühlsten ist, z. B. zum Himmel hin. Deswegen kann man bei großer Hitze Blätter ohne Probleme anfassen, nicht jedoch technische Einrichtungen wie Autos oder Solarzellen.
Wenn Möwen ihre Eier im heißen Sand zurücklassen, brauchen sie nicht zu fürchten, dass diese sich überhitzen. Die Oberfläche enthält das Pigment Bilin, das sehr gut Wärmestrahlung abgeben kann. Einige Tierarten wechseln sogar ihre Farbe in Abhängigkeit von der Einstrahlung (Abb. 1).

1 **Dieser Iguana von den Fidschi-Inseln verdunkelt seine Farbe, wenn er sich in der Sonne erwärmen will. Er ist morgens dunkelgrün und wird zur Mittagszeit immer heller, weil er dann nicht mehr so viel Sonnenenergie braucht, um die für die Jagd notwendige Körpertemperatur aufrechtzuerhalten.**

Strahlung und Wärme

Die Strahlung der Sonne setzt sich aus einem Spektrum von Licht unterschiedlicher Wellenlängen zusammen (Abb. 2). Sie enthält einen relativ geringen, aber gefährlichen Anteil energiereicher ultravioletter (UV) Strahlung. Sie verbrennt unsere Haut, selbst wenn die Umgebungstemperatur niedrig ist, z. B. im Hochgebirge. Die Sonneneinstrahlung besitzt im Bereich des sichtbaren Lichts, von dem die Pflanzen profitieren, ein Maximum. Rund die Hälfte der Sonnenstrahlung ist aber so energiearm, dass unsere Augen sie nicht wahrnehmen. Sie enthält weniger als ein Drittel der Energie des UV-Lichts, und wir spüren sie als Sonnenwärme. Beim Durchgang durch die Atmosphäre wird ein Teil der Sonnenstrahlung durch die dort vorhandenen Gase herausgefiltert. Die Umgebungswärme, die die Sonne auf der Erdoberfläche erzeugt, wird letztlich weitgehend wieder in den kühlen Weltraum abgestrahlt.

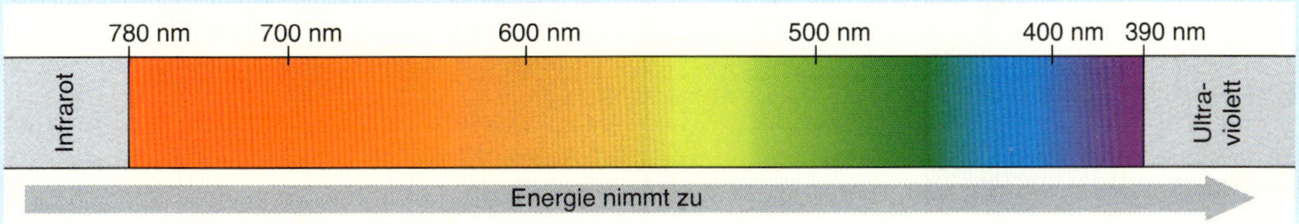

2 **Kontinuierliches Spektrum und Wellenlängen des sichtbaren Lichts in Nanometern (1 nm = 10^{-9}m)**

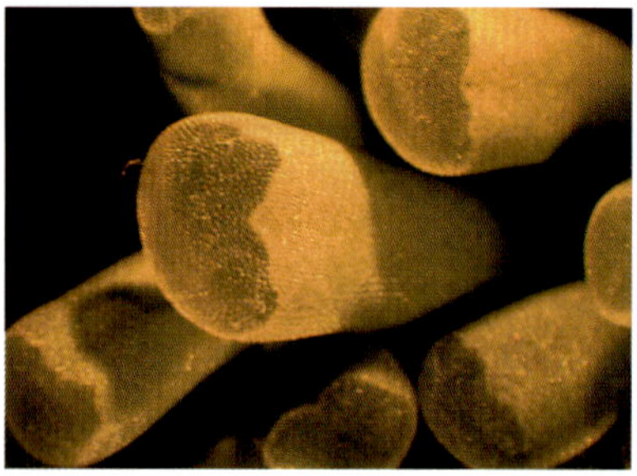

1 **Die Fensterpflanzen (Fenestraria pulchra) verteilen Licht nach demselben Prinzip wie Tageslichteinrichtungen in der Architektur, d. h., sie filtern und verdünnen es.**

Eine besondere Einrichtung zur Filterung von Licht besitzen Fensterpflanzen (Abb. 1). Der größte Teil dieser nur wenige Zentimeter großen Sukkulenten befindet sich im kühlen Erdboden. Nur ihre Fenster aus mit Wasser gefüllten Zellen ragen heraus. Durch diese Fenster dringt der Teil des Lichts in den Pflanzenkörper ein, der für die Fotosynthese gebraucht wird. Wärmestrahlung wird herausgefiltert. Die Pflanze wird nicht zu stark erwärmt und ist vor dem Austrocknen geschützt. Vielleicht können in Zukunft Bauten nach diesem Prinzip in der Wüste entstehen.

Warm in der Kälte – transparente Wärmedämmung

2 **Der Eisbär, auch Polarbär genannt, hat ein optisch aktives Fell entwickelt, aber um wirklich optimal zu funktionieren, müsste die Evolution dieses weiter perfektionieren.**

Viele Pflanzen, die in der Kälte leben, wie das Edelweiß, schützen sich mit einem weißlichen Haarfilm. Die weißliche Farbe kommt von der Lichtstreuung, wenn sie alle Farben des Lichts gleichermaßen betrifft. Das Prinzip dieses Schutzes besteht darin, dass Licht über Streuprozesse den Haarfilm durchdringen kann und somit Energie in Form von Wärme erzeugt. Diese Wärme wird durch die Luft, die sich in der Haarschicht befindet, gut gedämmt, sodass nur wenig Wärme an die Umgebung abgegeben wird. Man spricht von einer transparenten Wärmedämmung.
Der Eisbär hat ein Fell, das ähnliche Vorteile bringt. Seine für sichtbares Licht durchsichtigen Haare haben aber noch weitere Eigenschaften. Im Innern ihres Schafts befinden sich Streuzentren, die das sichtbare Licht in alle Richtungen streuen und auf diese Weise innerhalb des Schaftes auch zur Haut des Bären leiten können. Die Haut selbst ist schwarz, kann also Licht sehr gut absorbieren. Der Eisbär profitiert also vom Sonnenlicht. Es ist tatsächlich gemessen worden, dass sich bei Sonnenstrahlung auch in großer Kälte seine Haut deutlich aufwärmen kann (Abb. 2).

Dämmmaterial nach dem Vorbild der Eisbärenhaut wird bereits technisch in der solaren Architektur genutzt (Abb. 3).

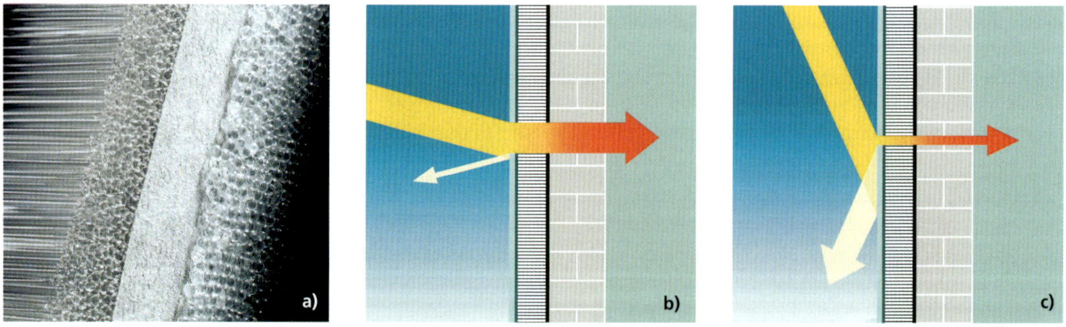

3 **Dieses Fassadenelement (a) besteht aus einer lichtdurchlässigen Kapillarplatte und einem transparenten Glasputz. Fällt Sonnenlicht unter einem kleinen Einfallswinkel auf die Fassade, wird nur ein geringer Teil reflektiert (b). Der größere Teil wird absorbiert. Bei großem Einfallswinkel gelangt nur wenig Wärme in das Gebäude (c).**

Einige Tierarten erzeugen einen **Treibhauseffekt,** um sich zu wärmen. So sind die Gehäuse der in 3 000 m Höhe lebenden Glasschnecken durchscheinend. Licht dringt ein und erzeugt Wärme, die schlecht nach außen abgeführt werden kann und die Schnecke vor Erstarrung schützt. Bei Schmetterlingen können sich ganze Flügelbereiche aufheizen und die Wärme dem Körper über ein System von feinen Äderchen zuführen. Bei Bedarf richten die Tiere die Flügel zur Sonne aus. Schmetterlinge mit durchscheinenden Flügeln falten diese wie ein Zeltdach, damit das eindringende Licht ihren Körper wärmt.

1 Termitenbauten heizen sich durch ihre große Masse im Innern nicht stark auf. Die Kühlrippenstruktur sorgt für eine optimale Klimatisierung. Gekühlte Luft in den Rippen sinkt tiefer und unterstützt die Ventilation. Wüstentermiten nutzen sogar oberirdische Hügel, um im Wind Unterdruck zu erzielen, der Verdunstungskühle aus dem Untergrund zieht.

Einrichtungen zum Kühlen und Heizen

Viele Insektenvölker haben in ihren Bauten eine Vielfalt von geschickten material- und klimatechnischen Lösungen realisiert. Wie mit ausgeklügelten Klimaanlagen werden Temperatur und Luftfeuchte weitgehend konstant gehalten.
Auffallend sind dabei Termitenhügel mit ausgeprägten Rippen, die Kühlfunktionen erfüllen, aber auch am Gasaustausch beteiligt sind (Abb. 1). In der Wüste graben Termitenvölker außerdem Schächte viele Meter in den Untergrund, bis sie auf Grundwasser stoßen. Sie nutzen den Effekt, dass Wind, der über den Termitenhügel streift, dort einen Unterdruck erzeugt, der Verdunstungskühle in den Termitenbau hochzieht. Dasselbe Prinzip nutzen auch Präriehunde, indem sie einen ihrer Ausgänge kaminartig erhöht bauen, während der andere niedrig bleibt (Abb. 2a). Auf diese Weise kann der vorbeiziehende Wind ihr unterirdisches Höhlensystem durchlüften. Diese Kühlsysteme erinnern an traditionelle iranische Bauten, bei denen Windtürme kühle Luft aus unterirdischen, von Wasser durchflossenen Kanälen hochziehen (Abb. 2b).

In der Natur kann man, wenn man aufmerksam beobachtet, viel über **nachhaltige Energienutzung** lernen.

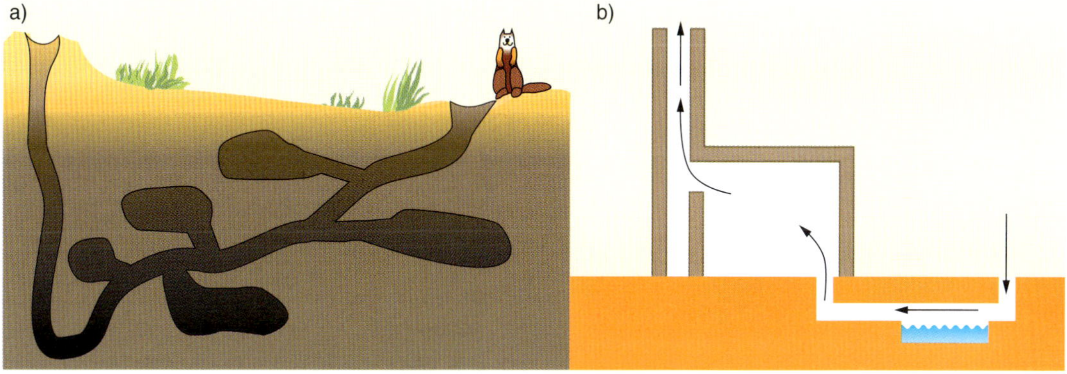

2 Der Bau des Präriehunds und das Durchlüftungssystem seines Baus (a) weisen Parallelen auf zur Kühlung eines Hauses im mittleren Osten (b). Über Jahrhunderte wurde die Konstruktion eines Kühlturms angewendet; eine Weiterentwicklung des Prinzips führte die Luft über ein Wasserbecken, sodass zusätzlich Verdunstungskühlung wirksam wird.

Aufgaben

1. Im tropischen Regenwald leben zahlreiche Arten von Morphofaltern. Einige dieser Schmetterlinge suchen in den Kronen der Bäume nach Nektar. Ihre schillernden Flügel bieten ihnen Schutz vor der starken Sonneneinstrahlung. Ihr Geheimnis ist die durch Lichtinterferenzen metallisch reflektierende blaue Farbe der Flügeloberseite.

   a) Informiere dich, was der Begriff Interferenz bedeutet!
   b) Begründe, warum ein Sonnenschutz für den Schmetterling erforderlich ist! Erkläre, wie dieser Schutz funktioniert!
   c) Stelle eine Hypothese auf, wo dunkel gefärbte und nicht schillernde Arten tropischer Schmetterlinge leben! Was geschieht, wenn sie starker Sonnenstrahlung ausgesetzt sind? Erkläre mithilfe der Begriffe Licht, Absorption und Pigmente!

2. Ermittle, wie man durch die Ausrichtung von Gebäuden zu einer ausgeglichenen Innentemperatur beitragen kann!
   Vorbereitung:
   Stell dir vor, du bist Architekt und sollst in der Wüste ein Hochhaus bauen! Welche Form und Orientierung würdest du wählen, damit die Temperatur im Innern tagsüber möglichst ausgeglichen bleibt?
   Durchführung:
   Vollziehe die Temperaturentwicklung an einem Modell nach!
   a) Befestige an einem heißen Sonnentag Rechtecke aus Metallblech unterschiedlich orientiert im Boden!
   b) Fühle die Temperaturentwicklung oder miss sie mit einem Temperatursensor!
   Auswertung:
   Vergleiche die Temperaturentwicklung an den verschiedenen Oberflächen und ziehe daraus Schlussfolgerungen für das Bauen!

3. Entwirf ein Gebäude nach dem Vorbild der Fensterpflanze (s. S. 56)!
   a) Fertige eine Skizze an!
   b) Erstelle eine Liste der Materialien und begründe jeweils die Auswahl!

4. Welche Bedeutung haben Farben für die Wärmeempfindung? Warum sind Häuser im Süden oft weiß, in Skandinavien bunt?

5. Beschreibe die Rolle der Flossen beim Wärmehaushalt der Robben! Warum schützt ein Fettpolster den Körper, nicht die Flossen?

6. Bereite einen Vortrag über die Klimatisierung in einem Wespennest vor!
   Recherchiere, aus welchem Material die Wespen ihr Nest bauen! Berücksichtige die Standortwahl und den Ort der Öffnung!

7. Wespen bauen Häuser aus Papierschichten, und auch traditionelle japanische Architekten gestalteten Wände und Fenster aus Papier. Nimm einige Tageszeitungen und decke dich damit zu! Beschreibe, was du beobachtest, und erkläre, warum!

8. Du bist in einer Grassteppe Sibiriens unterwegs und wirst ohne angemessene Ausrüstung von der nahenden bitterkalten Nacht überrascht. Wie würdest du reagieren, um dein Leben zu retten? Denk daran, wie Tiere sich ein wärmendes Nest bauen würden!

9. Lege eine Tabelle nach dem Muster an und erweitere sie mithilfe einer Internetrecherche! Formuliere grundlegende Prinzipien!

Klimaelement	Beeinflussung in der Natur	Beeinflussung in der Architektur
Temperatur	Körperfett	Wärmedämmung
...	...	...

3.4 Langlebige Bauteile

Die Bioniker aus dem Teilgebiet **Konstruktionsbionik** entwerfen langlebige Bauteile mit minimalem Materialverbrauch nach dem Vorbild der Natur. Sie untersuchen dazu Konstruktionen, die starken Belastungen gut widerstehen (Abb. 1), und übertragen deren Konstruktionsprinzipien auf technische Werkstoffe.

Ein Maß für die Belastung eines Werkstoffs ist die **mechanische Spannung** (s. S. 37). Sie errechnet sich aus der wirkenden Kraft, dividiert durch die Fläche, auf die die Kraft wirkt.

$$\text{mechanische Spannung} = \frac{\text{Kraft}}{\text{Fläche}}$$

Kerbspannungen sind ein tückischer Sonderfall der mechanischen Spannung. Sie treten, wie der Name schon sagt, an Kerben auf. Das können z. B. scharfe Ecken im Bauteil sein. Die dort wirkenden Kräfte verteilen sich nicht mehr gleichmäßig auf die gesamte Fläche, sondern konzentrieren sich auf ganz kleine Bereiche in der Kerbe. Damit wirken Kräfte auf kleine Flächen und die Spannung ist sehr hoch.

Festigkeit bezeichnet die maximal ertragbare Spannung eines Werkstoffs. Wird diese überschritten, geht das Bauteil kaputt (s. S. 38).

Eine **Kerbe** ist z. B. eine scharfe Ecke im Bauteil. Dort besteht eine hohe mechanische Belastung. Man nennt sie Kerbspannungen.
Diese Kerbspannungen sind dann auch meist die Ursache, wenn das Bauteil vorzeitig bricht.

Sichere und **langlebige Bauteile nach dem Vorbild der Natur** lassen sich mit der Methode der Zugdreiecke konstruieren. Ein geeignetes Vorbild ist ein Baum, der am Übergang von der Wurzel zum Stamm großen Belastungen durch sein eigenes Gewicht und auch durch starke Winde ausgesetzt ist. Er bildet eine Ecke mit der Erdoberfläche und überbrückt diese mit einem Wurzelanlauf, der auf der Windseite des Baumes am größten ist (S. 60, Abb. 1).

Das wird nachgemacht und auch die Kerbe in einem technischen Bauteil wird mit einem **Zugdreieck,** das wie ein Spannseil wirkt, überbrückt (S. 60, Abb. 1 u. 2). Dabei entstehen zwar neue Kerben an den Seilanbindungen, diese sind aber nicht mehr so spitz. Die neuen Kerben werden auch überbrückt usw. Am Ende werden verbliebene Knicke ausgerundet und fertig ist das Ökodesign.

Eine **Kerbform nach dem Vorbild der Natur** führt zu Bauteilen, die viel länger leben, ohne kaputtzugehen.

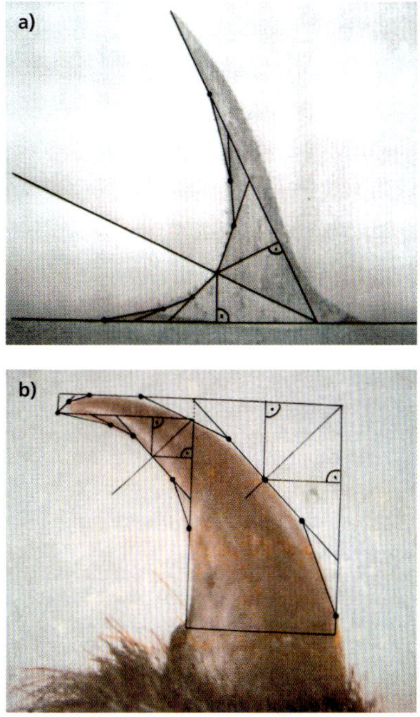

1 Viele Dornen und Stacheln (a) und sogar Bärenkrallen (b) sind so geformt, dass sie nicht durch Kerbspannungen vorzeitig versagen, d. h. brechen.

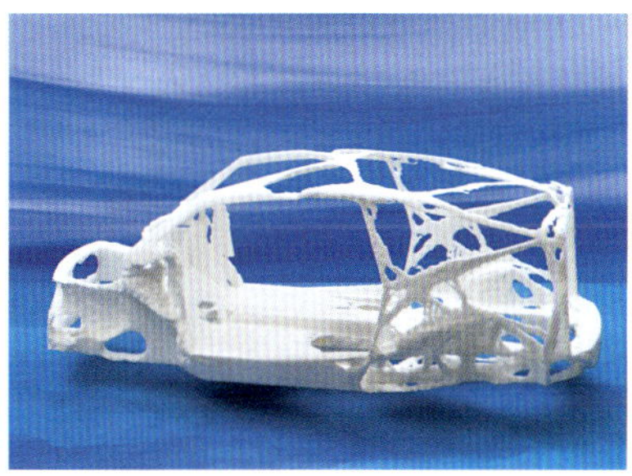

2 Karosserie des Bionic Car (s. S. 14): Leichtbauweise durch Soft Kill Option

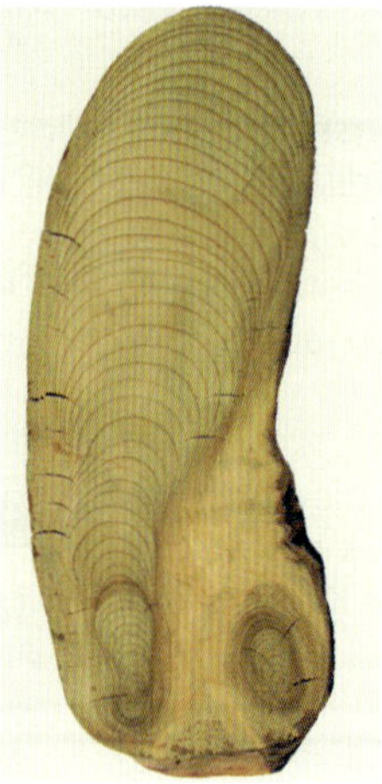

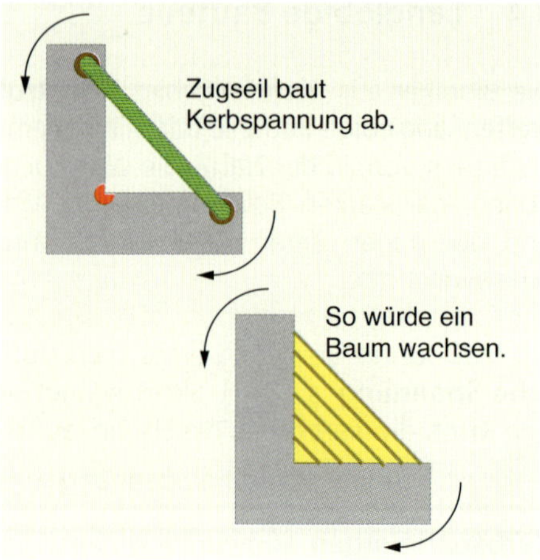

1 Bäume bilden auf der dem Wind zugewandten Seite (rechts im Bild) die stärksten Wurzelanläufe aus. Der Schnitt durch den Wurzelanlauf (Mitte) zeigt dickere Jahresringe, wo die Belastung hoch ist. Wenn wir ein Bauteil mit einer Ecke haben, an dem gezogen oder gebogen wird, ist das Material in der Ecke am höchsten belastet (Kerbspannung!).

Übernimmt man die Prinzipien vom Wurzelanlauf eines unterschiedlich stark belasteten Baumes, so kann man gefährliche Kerben bereits bei der Konstruktion entschärfen (Abb. 2). Diese grafische Methode zur Bauteiloptimierung ist ohne Computer einsetzbar – nur ein Zeichendreieck mit Wineinteilung und ein Bleistift sind erforderlich.

Die Form vieler natürlicher Konstruktionen lässt sich mit der Methode der Zugdreiecke erklären. Sowohl Dornen und Stacheln als auch Bärenkrallen (S. 59, Abb. 1) sind so geformt, dass sie nicht durch Kerbspannungen vorzeitig versagen.

Auch Konstrukteure, die nicht den bionischen Vorbildern folgen, wissen: Scharfe Ecken sind der Bauteile Tod! Sie runden deshalb häufig Kerben ab. Doch auch die mit einem Viertelkreis ausgerundete Kerbe hat noch zu hohe Spannungen zur Folge (Abb. 3). Dies zeigt der rote Fleck links im Bild. Erst die mit der Zugdreiecksmethode entworfene Form (rechts) hat keine hohen Spannungen mehr.

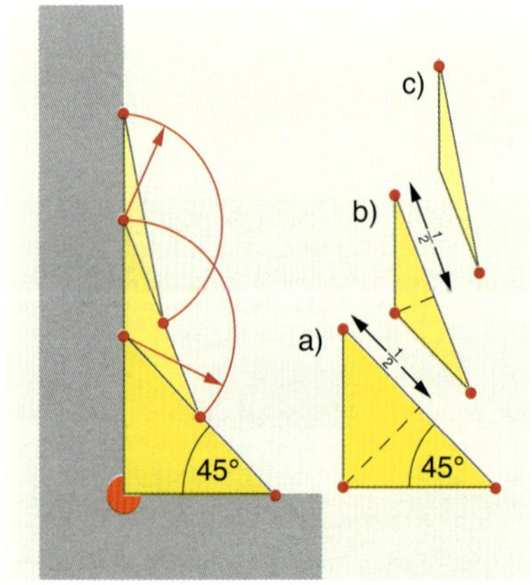

2 Zusätzliches Material wird in Form eines Dreiecks (a) in die Ecke eingezeichnet. Nun sind statt einer spitzen Ecke zwei weniger spitze vorhanden. Die untere ist weniger gefährlich, weil hier die gleiche Kraft wie oben auf eine größere Fläche wirkt. Also wird in die obere Kerbe ein weiteres Dreieck (b) eingezeichnet. Nach einem weiteren Dreieck (c) kann man die Knicke noch ausrunden und hat eine kerbspannungsfreie Form.

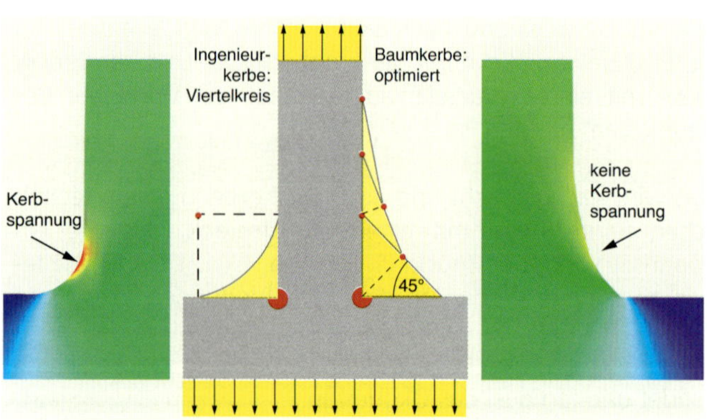

3 Spannungen lassen sich berechnen und mit unterschiedlichen Farben darstellen. Rot kennzeichnet die höchsten Spannungen, Blau die geringsten.

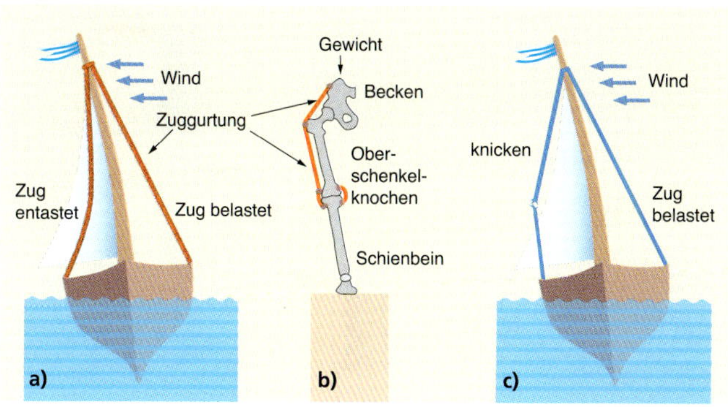

1 Die alten Segelbootbauer (a) haben es gewusst: Die Zuggurtung ist die Krone des Leichtbaus. Die Evolution hat ebenfalls Konstruktionen mit dem Prinzip der Zuggurtung hervorgebracht (b): Muskeln mindern die Biegebelastung der Knochen. Wäre anstelle des Seils beim Segelschiff ein Druckstab (c), wäre dieser sehr schwer, denn selbst wenn sein Querschnitt gleichmäßig ausgelastet wird, muss er zusätzlich zum Druckversagen gegen Knicken ausgelegt werden.

Mit der Vorgehensweise „in Seilen denken" kann ohne aufwendige Computerrechnungen **Leichtbau** konstruiert werden. Vorbild ist z. B. unser Skelett, in dem wir etwa 650 Muskeln, aber nur etwa 225 Knochen haben. Das heißt, es gibt dreimal mehr zugbelastete „Seile" als Druckstützen.

Seile sind immer leichter als lange **Druckstützen,** weil sie nicht knicken können. Sie müssen nur Zugkräften standhalten.

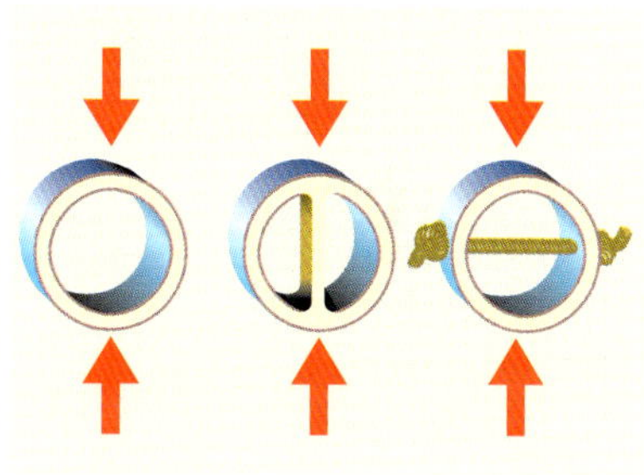

2 Ein Rohr wird durch querschnittsverflachende Kräfte belastet. Soll die Verflachung durch eine Druckstütze verhindert werden, muss diese dick genug (und damit schwer) sein (Mitte), um nicht zu knicken. Die Verhinderung der Querschnittsverflachung durch ein Zugseil quer zur Krafteinleitung (rechts) erfordert lediglich eine Auslegung des Seils gegen Zerreißen.

Auf den alten Segelschiffen bestand die Takelage aus vielen Seilen, aber nur wenigen Masten (Abb. 1). Auch die Knoten im Bambus (Abb. 2) sind Zugplatten, keine Druckknoten. Sie verhindern, dass ein vom Wind gebogener Bambus verflacht wie ein geknickter Gartenschlauch.
Wenn man eine Leichtbaukonstruktion entwerfen will, gibt man sich zuerst den zulässigen Bauraum vor. Größer darf das Bauteil nicht werden. Dann legt man die Belastung fest und zeichnet Spannseile von der Lasteinleitung zur Anbindung, die das Bauteil festhält. Weil Seile immer gerade Linien sind, ist das einfach. So erhält man auch ohne Computer einen Designentwurf. Wie die Denkweise „in Seilen Denken" im technischen Einsatz funktioniert, stellt Abb. 2 auf S. 62 dar.

Leichtbauträger nach dem Vorbild von Fresszellen

Die SKO-Methode (Soft Kill Option) kopiert die Arbeit der Fresszellen im Knochen. Diese bauen bevorzugt unterbelastete Knochenbereiche ab. Der Knochen enthält dadurch eine Form, die belastbar aber leicht ist. Ausgangspunkt der Konstruktionsmethode ist ein Designvorschlag . Darin werden unterbelastete Bereiche im Bauteil berechnet und herausgeschnitten. Sie werden **gekillt.**
Je nach Belastungsart und -höhe stellen sich unterschiedlich filigrane Fachwerke ein, deren Zugträger als Seile eingezeichnet werden. Wichtig ist noch, dass der Designvorschlag immer zu groß sein muss, denn mit SKO lässt sich nur entfernen – killen, niemals hinzufügen.

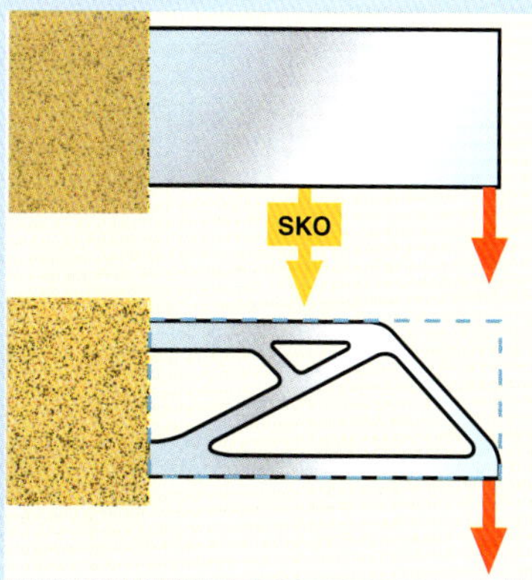

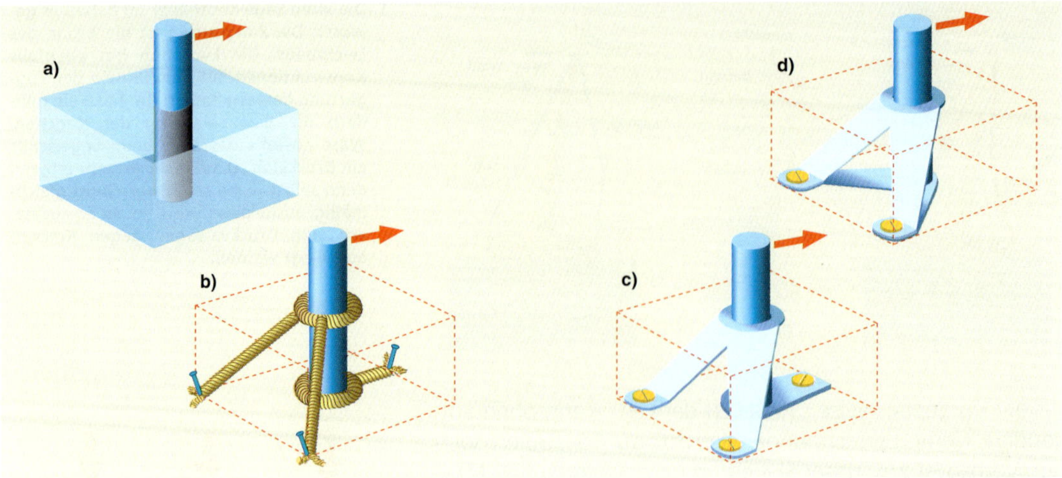

1 Ein Zylinder wird einseitig quer belastet (a). Der Quader zeigt die Grenzen für den Designraum. In b) wird die gedankliche Idealisierung durch Zuggurtungen dargestellt. Eine technische Umsetzung findet sich in c), wobei die Schrauben eher symbolisch gemeint sind. Soll der Bauraum verkleinert werden, können Druckstäbe abhelfen (d), die dann aber gegen Knicken ausgelegt werden müssen.

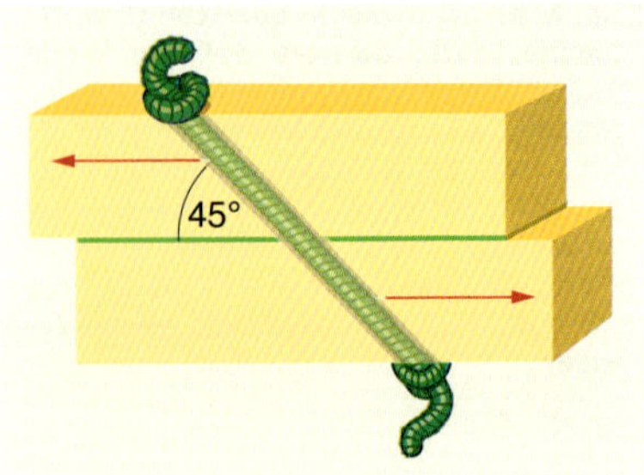

2 Eine Klebeverbindung wird mithilfe eines 45°-Seils deutlich belastbarer.

Außer Zug und Druck wirken auf Lebewesen häufig auch Scherkräfte ein, z. B. wenn ein Regenwurm von einer Amsel aus der Erde gezogen werden soll. Der Regenwurm darf sich aber nicht verzweigen, denn dann könnte er nicht mehr kriechen. Eine Wurzel dagegen bildet Verzweigungen aus, die wie seitliche Zugseile in Richtung der Zugkräfte wirken. Diese Verzweigung verhindert ein Pullout-Versagen, d. h. ein Versagen durch Herausziehen der Wurzel. Besonders wirksam sind Verzweigungen mit einem Winkel von 45 Grad. Sieht man sich in der Natur um, so findet man dies durch weitere Beispiele bestätigt. Auch Vogelfedern oder Blätter, die Wind oder Sturm ausgesetzt sind, besitzen Festigungsstrukturen, die im 45-Grad-Winkel verzweigt sind (Abb. 3). Auch technische Anwendungen werden im **45-Grad-Winkel** stabilisiert (Abb. 2).

Der **45-Grad-Winkel** ist ein Konstruktionsprinzip der Natur, das immer dann eingesetzt wird, wenn Scherkräfte durch seitliche Zugkräfte besiegt werden sollen.

3 Vogelfedern, Blattadern, selbst die Zehen der Enten, die Schwimmhäute aufspannen, gehorchen der 45-Grad-Regel.

Aufgaben

1. Zeichne mit der Methode der Zugdreiecke einen Ast-Stamm-Übergang und vergleiche diesen mit einem richtigen Baum!

2. Untersuche einen Draht unter Zug- und unter Druckbelastung!
   Vorbereitung:
   a) Stelle jeweils eine Hypothese auf:
      – Kann ein Draht senkrecht das Gewicht einer vollen Wasserflasche tragen?
      – Kann man an dem Draht eine Flasche heben?
   b) Lege folgende Materialien bereit:
   2 Drähte (Durchmesser ca. 1 mm, Länge ca. 100 mm oder gerade gebogene Büroklammern), Drahthalterung (z. B. Brett mit Bohrung, Radiergummi), volle Wasserflasche (Gewicht ca. 1 kg), kleines Filzstück (auf die Mitte des Flaschenbodens aufgeklebt), Zange, Zirkel mit Spitze.
   Durchführung:
   a) Biege einen kleinen Haken an ein Ende des Drahts, stich mit der Zirkelspitze zwei Löcher in den Deckel der Wasserflasche und hake den Draht darin ein! Hebe die Flasche am Draht an!
   b) Stecke den geraden Draht senkrecht in die Halterung und stelle die Flasche darauf (Flasche selbst wird seitlich geführt)! Kürze den Draht um ein Viertel der ursprünglichen Länge und versuche erneut, die Flasche darauf abzustellen! Falls es nicht gelingt, kürze den Draht weiter!
   Auswertung:
   a) Beschreibe deine Beobachtungen!
   b) Beurteile deine Hypothesen!
   c) Erläutere Bezüge zum Leichtbau!

3. Du hast vier Bretter und zwei Seile für den Bau eines Rahmens zur Verfügung. Wie musst du diese anordnen, damit die Konstruktion möglichst stabil wird?
   Fertige eine Zeichnung an!

4. Untersuche die Auswirkungen von Kerbspannungen!
   Vorbereitung:
   a) Überlege, in welchen Fällen Kerbspannungen auftreten und wann sie nützlich sind!
   b) Stelle bereit: Schutzbrillen, mehrere Fliesenstreifen mit glatter Oberfläche (ca. 4 cm breit, Längskanten leicht angefast), Fliesen- oder Glasschneider, Anschlagwinkel, 2 Holzklötze, Schraubzwinge (oder Schraubstock mit Schonbacken).

   Durchführung:
   a) Spanne einen Fliesenstreifen in die Schraubzwinge und drücke auf das freie Ende!
   b) Miss die Länge des abgebrochenen Teilstücks!
   c) Ritze mit einem Fliesenschneider bei l_k ($l_k \approx 0{,}8\, l_e$) eine kleine Kerbe in den Fliesenstreifen (s. Zeichnung), spanne diesen ein und drücke auf das freie Ende!

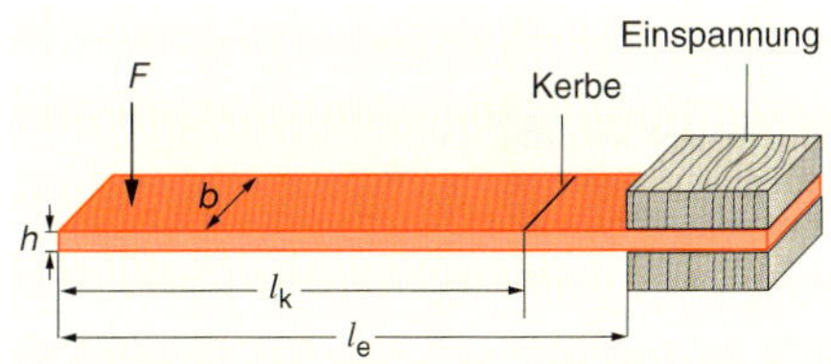

   d) Miss die Länge des abgebrochenen Teilstücks!
   Auswertung:
   a) Um wie viel Prozent sind Biegemoment und Biegespannung an der Einspannung größer als im Bereich der Kerbe?
   Biegemoment = Kraft · Hebelarm
   ($M_b = F \cdot l$)

   Biegespannung $\sigma = 6 \cdot \frac{M_b}{b \cdot h^2}$

   b) Die eingeritzte Kerbe im Experiment ist nur ein kleiner „Schaden“ an der Oberfläche. Wie tief dürfte eine kerbspannungsfreie Kerbe an der Stelle sein, wenn dort die gleiche Biegespannung anliegen soll wie im Bereich der Einspannung?

1 Der Gepard ist mit einer Höchstgeschwindigkeit von etwa 110 km/h das schnellste Landlebewesen. Jedoch kann er diese Geschwindigkeit nur über kurze Strecken durchhalten. Die für seine Körpergröße stark vergrößerten Organe Herz und Lunge versorgen die Muskeln mit ausreichendend Sauerstoff. Die elastische Wirbelsäule wirkt wie eine Feder und kann die Bewegungsenergie zwischenspeichern.

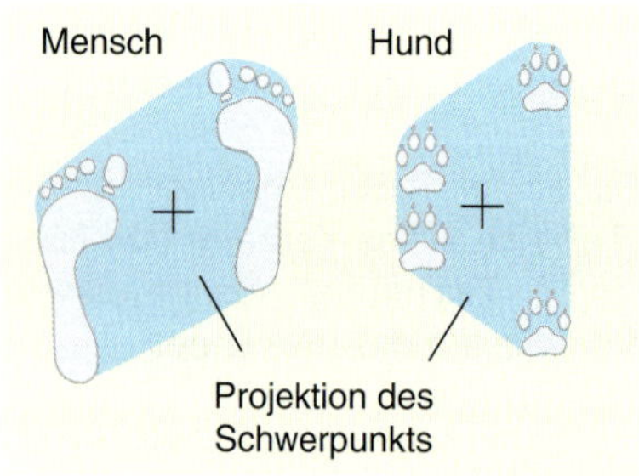

2 Die Standfläche (blau) wird zwischen den Füßen aufgespannt, die sich am Boden befinden. Sobald sich die Projektion des Schwerpunkts außerhalb der Standfläche befindet, fängt ein Körper an zu kippen.

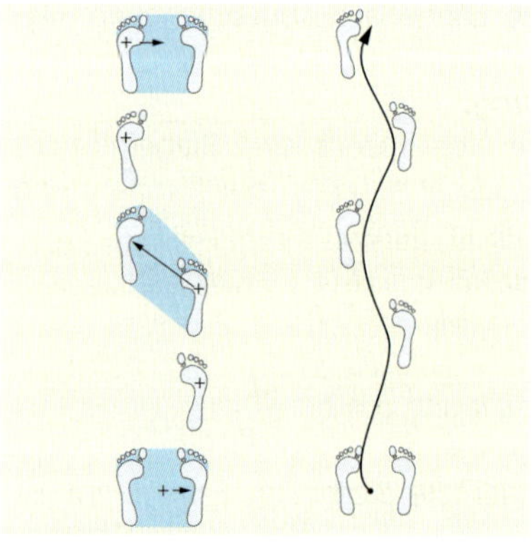

3 Beim statisch stabilen Gehen muss sich die Projektion des Schwerpunkts innerhalb der Standfläche bewegen (links). Beim dynamisch stabilen Gehen darf sie auch außerhalb der Standfläche liegen (rechts).

3.5 Bewegungsbionik

Fortbewegung an Land

Die meisten der an Land lebenden Tiere, wie auch der Mensch, bewegen sich auf Beinen fort. Die Anzahl der Beine kann sehr unterschiedlich sein, von mehreren Hundert beim Tausendfüßer bis hin zu nur zwei Beinen beim Menschen.

Der Bewegungsapparat eines jeden Tieres ist sowohl an den Lebensraum als auch an die speziellen Lebensbedingungen angepasst, was sich gut am Geparden zeigen lässt (Abb. 1). Die Muskulatur der Beine ist nah am Rumpf platziert. Dadurch ist das Trägheitsmoment der Beine sehr gering und die Bewegung wird leichter. Zusammen mit seinen besonderen Pfoten (s. S. 39) und den wie Spikes funktionierenden Krallen ist der Gepard ideal an schnelle Sprints auf dem harten Savannenboden angepasst.

Trotz der unterschiedlichen Anzahl und Ausprägung der Beine sind die dem Gehen zugrunde liegenden Bewegungsabläufe und der Aufbau der Extremitäten bei allen Tieren ähnlich.

Schon seit vielen Jahren versuchen Forscher Roboter zu bauen, die sich wie Menschen oder Tiere auf Beinen fortbewegen können. Obwohl es schon große Fortschritte gab und man in Film und Fernsehen die erstaunlichsten Roboter sieht, hat man die Perfektion und Eleganz der biologischen Vorbilder noch nicht erreicht.

Um einem Roboter das Laufen beizubringen, muss man zuerst verstehen, wie der Bewegungsablauf beim biologischen Vorbild funktioniert.

Im Grunde besteht eine **Gehbewegung** darin, dass ein Bein oder mehrere Beine angehoben, in einem Bogen nach vorne bewegt und dort abgesetzt werden. Jedoch gibt es Unterschiede, je nachdem, wie sich das Gewicht während eines Schritts verlagert. Man kann zwei grundlegende Arten unterscheiden: die statisch stabile und die dynamisch stabile Gangart (Abb. 3).

Eine statisch stabile Gangart ist dadurch gekennzeichnet, dass man die Bewegung zu jeder Zeit anhalten kann, ohne umzufallen. Dazu muss sich der senkrecht auf den Boden projizierte Schwerpunkt des Körpers immer innerhalb der Fläche befinden, die durch die Füße, die den Boden berühren, aufgespannt wird: der **Standfläche** (Abb. 2). Das Gewicht wird beim Gehen nur so weit verlagert, dass sich die Projektion des Schwerpunkts nie außerhalb der Standfläche befindet.

Zwei- und Vierbeiner können so nur geringe Geschwindigkeiten erreichen, da sie nicht gleichzeitig einen Schritt machen und das Gleichgewicht verlagern können und die Reichweite pro Schritt begrenzt ist. Sechs- und mehrbeinige Tiere bewegen sich hingegen fast ausschließlich statisch stabil fort.

Insekten haben einen sehr anpassungsfähigen Bewegungsapparat, mit dem sie sich selbst in einem unwegsamen Gelände ohne Probleme fortbewegen können. Da sich die Stabheuschrecke (S. 68, Abb. 1) nur sehr langsam bewegt, relativ groß ist und außerdem ein einfaches und überschaubares Nervensystem besitzt, eignet sie sich besonders gut dazu, Laufbewegungen bei Insekten zu untersuchen.

Das Nervensystem von Insekten besteht aus einem einfachen Gehirn und einer Kette von Nervenknoten, den **Ganglien,** von denen ein Paar in jedem Körpersegment existiert. Während im Gehirn bestimmt wird, wie schnell oder in welche Richtung das Tier laufen soll, werden die Beinbewegungen im Wesentlichen lokal von den Ganglien gesteuert.

Unter normalen Bedingungen bewegt sich die Stabheuschrecke im statisch stabilen Dreifußgang fort. Dabei befinden sich immer drei der sechs Beine (z. B. linkes Vorder- und Hinterbein und rechtes mittleres Bein) auf dem Boden und bilden ein Dreieck für einen festen Stand, während die jeweils gegenüberliegenden Beine einen Schritt machen.

Dabei findet ein Informationsaustausch zwischen benachbarten Beinen statt (Abb. 1), sodass nie mehr als drei Beine gleichzeitig in der Luft sind. Des Weiteren können die Beine so direkt voneinander lernen. Stößt das erste Bein auf ein Hindernis und muss erst die Höhe ertasten, gibt es die Information direkt an das nachfolgende Bein weiter, das dann sofort über das Hindernis steigen kann (Abb. 2).

Die **dezentrale Steuerung** bildet die Grundlage der meisten Bewegungen bei Insekten und ermöglicht eine sehr schnelle und robuste Kontrolle. Aber trotzdem hat das Gehirn verschiedene Möglichkeiten, Einfluss auf die Bewegungen zu nehmen.

Vier- und **Zweibeiner** können zwar auch statisch stabil gehen, aber diese Art der Fortbewegung ist sehr langsam und energieraubend, wie man im Selbstversuch feststellen kann. Aus diesen Gründen verwenden die meisten Wirbeltiere dynamisch stabile Gangarten. Dynamisch stabil bedeutet, dass der Bewegungsablauf so lange stabil bleibt, wie man in Bewegung ist. Würde man mitten in der Bewegung plötzlich anhalten, würde man umfallen, ähnlich wie beim Fahrradfahren.

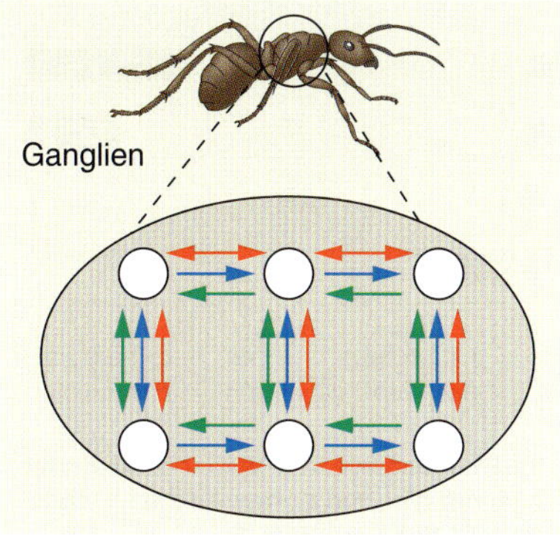

1 Über die Querverbindungen zwischen den Ganglien können die Beine direkt Informationen austauschen.
- **Befindet sich ein Bein in der Luft, werden die benachbarten Beine daran gehindert, sich auch zu heben (rot).**
- **Berührt ein Bein den Boden, werden die benachbarten Beine dazu ermuntert, sich zu heben und einen Schritt zu machen (blau).**
- **Je weiter ein Bein sich auf dem Boden nach hinten bewegt, umso schneller müssen die benachbarten Beine auf den Boden aufsetzen, damit es selber für den nächsten Schritt angehoben werden kann (grün).**

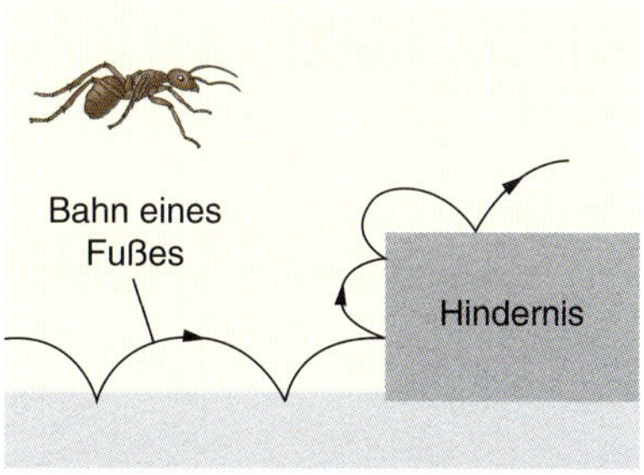

2 Wenn das Bein eines Insekts gegen ein Hindernis stößt, weicht es zurück, hebt sich etwas und versucht nochmals einen Schritt zu machen. Das wird so lange wiederholt, bis es über das Hindernis steigen kann.

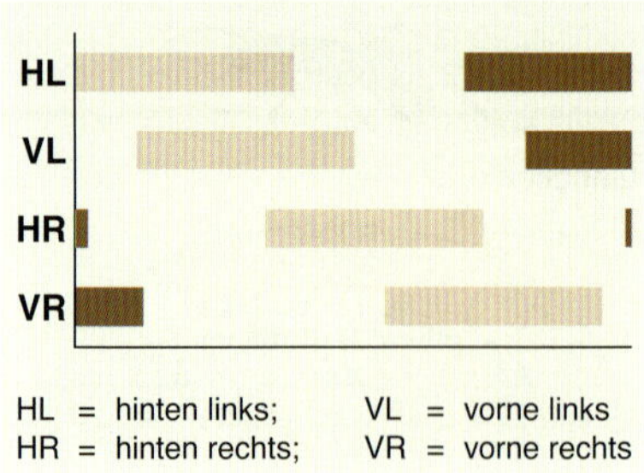

1 Im Passgang werden Vorder- und Hinterbein der gleichen Körperseite sehr schnell nacheinander aufgesetzt.

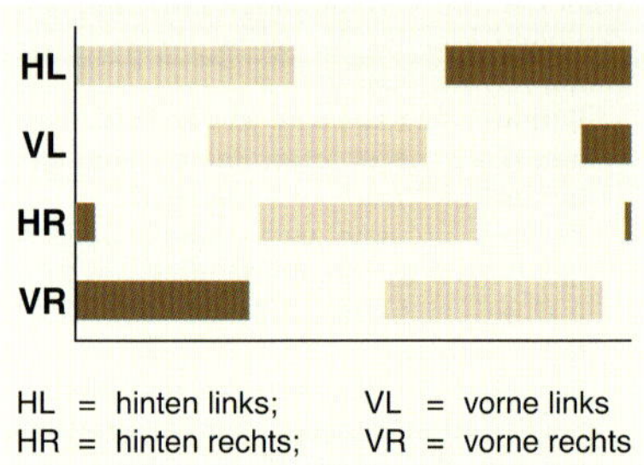

2 Beim Kreuzgang werden Vorder- und Hinterbein der gegenüberliegenden Körperseiten (z. B. linkes Vorder- und rechtes Hinterbein) zeitlich kurz hintereinander aufgesetzt. Dadurch sind die über Kreuz liegenden Beine immer zusammen in Bewegung.

Bei Vierbeinern werden die Beine nacheinander in einem bestimmten, für jede Gangart typischen Muster aufgesetzt. Die Reihenfolge, in der die Beine aufgesetzt werden, bleibt dabei jedoch gleich (hinten links; vorne links; hinten rechts; vorne rechts), nur die zeitlichen Abstände zwischen den Kontakten sind unterschiedlich. Man kann zwei grundlegende Gangarten unterscheiden: den Passgang und den Kreuzgang.

Der **Passgang** unterscheidet sich vom Kreuzgang dadurch, dass der Zeitabstand zwischen dem Bewegungsbeginn von Hinter- und Vorderbein der gleichen Körperseite kürzer ist als der zwischen Vorder- und Hinterbein der jeweils gegenüberliegenden Seiten (Abb. 1). Dadurch bewegen sich die Beine einer Körperseite fast gleichzeitig, wodurch z. B. der schwankende Gang beim Dromedar zustande kommt.

Beim **Kreuzgang** ist das Verhältnis der Kontaktzeiten genau umgekehrt. Hier ist der zeitliche Abstand zwischen dem Bewegungsbeginn von Vorder- und Hinterbein der gegenüberliegenden Seiten am kürzesten (Abb. 2). Der Kreuzgang ist bei allen Vierfüßern, auch bei dem auf allen vieren krabbelnden Menschen zu finden. Je nach Geschwindigkeit wird beim Kreuzgang zwischen Schritt, Trab und Galopp unterschieden.

Sowohl bei Vier- als auch bei Zweibeinern kann man bei der Gehbewegung für jedes Bein zwischen zwei Hauptphasen unterscheiden. In der Standphase befindet sich der Fuß auf dem Boden und stützt das Gewicht des Körpers. In der Schwungphase wird der Fuß vom Boden angehoben und bewegt sich nach vorne. In beiden Fällen beruht die Bewegung des Körpers und des Fußes auf dem Pendelprinzip (Abb. 3).

Zu Beginn der Standphase befinden sich beide Füße am Boden und das Gewicht wird von einem Bein auf das andere verlagert. Hier bekommt der Körper den Schwung für die Vorwärtsbewegung. Der Körper bewegt sich nun am oberen Ende des Beins wie ein inverses, also umgekehrtes Pendel um den am Boden stehenden Fuß (blau).

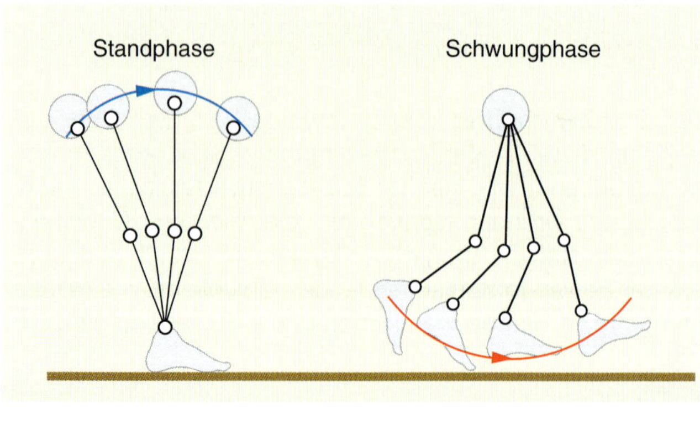

3 Bei Gehbewegungen lassen sich für jedes Bein zwei Hauptphasen unterscheiden.

Während der Körper nach vorne zu kippen beginnt, schwingt das Bein auf der gegenüberliegenden Seite nach vorne und fängt den Sturz auf. Während der Schwungphase bewegt sich das Bein in einem Bogen nach vorne (rot). Die Pendelbewegung des Beins wird dabei zu großen Teilen passiv erzeugt. Der Oberkörper, der sich ja während der Standphase nach vorne bewegt, zieht das Bein hinter sich her und lässt es passiv nach vorne schwingen.

1 Alle mobilen Roboter, die heute eingesetzt werden, fahren auf Rädern oder Ketten. Eine Fortbewegung auf Beinen ist für Roboter sehr unsicher. Gerade bei Reparaturaufgaben oder bei Rettungseinsätzen darf der Roboter nicht ausfallen.

Bevor man anfängt einen Roboter zu bauen, sollte man sich überlegen, ob es überhaupt sinnvoll ist, ihn mit Beinen zu konstruieren. Die Koordination der Beinbewegungen und das Halten des Gleichgewichts beim Gehen sind sehr viel komplizierter als die Steuerung eines fahrenden Roboters. Deshalb fahren alle Roboter, die heute eingesetzt werden, aus Sicherheitsgründen noch auf Rädern oder Ketten (Abb. 1). Aber trotzdem haben Beine, wenn sie verlässlich funktionieren, einige Vorteile gegenüber dem Rad:

- Mit Beinen kann man sich auch in unwegsamem Gelände bewegen und selbst größere Höhenunterschiede überwinden. Ein Rad kommt nicht mehr weiter, sobald ein Hindernis, ob Stufe oder Graben, größer ist als sein Radius.
- Die Wendigkeit ist mit Beinen sehr viel höher als mit Rädern. Man kann auf der Stelle drehen oder sich auch seitwärts fortbewegen.
- Räder können nur auf glatten, ebenen Flächen optimal eingesetzt werden. Berücksichtigt man die Kosten für Bau und Unterhalt von Straßen, stellen sich Beinkonstruktionen als energetisch günstiger heraus.

Mechanische Beine beim Roboter sollen das Rad nicht ersetzen, aber es gibt verschiedene Aufgaben, für deren Lösung Beine besser geeignet sind als Räder.

Laufen und Springen

Während beim Gehen immer mindestens ein Fuß auf dem Boden bleibt, gibt es beim Laufen und natürlich auch beim Springen eine Flugphase, während der kein Kontakt zum Untergrund besteht.

Stärker als beim Gehen ist beim Laufen der gesamte Körper in die Bewegung eingebunden. Obwohl das Laufen und vor allem das Springen am Anfang der Bewegung sehr viel Energie erfordern, um den Körper gegen die Schwerkraft in die Luft zu bewegen, zeigt sich im Laufe der Bewegung, dass diese Art der Fortbewegung doch energetisch günstig ist. Durch die elastischen Muskeln und Sehnen (vor allem die Achillessehne) kann ein großer Teil der kinetischen Energie zwischengespeichert werden, sodass nur ein Bruchteil der anfänglichen Energie nötig ist, um die Bewegung fortzusetzen.

2 Bei hohen Geschwindigkeiten bewegt sich das Känguru springend auf den Hinterbeinen voran. Es kann so Geschwindigkeiten von bis zu 80 km/h erreichen.

1 Die Stabheuschrecke ist eines der Lieblingstiere der Biologen. Da sie relativ groß (bis 20 cm) ist, sich nur langsam bewegt und ein einfaches Nervensystem hat, kann sie sehr gut untersucht werden.

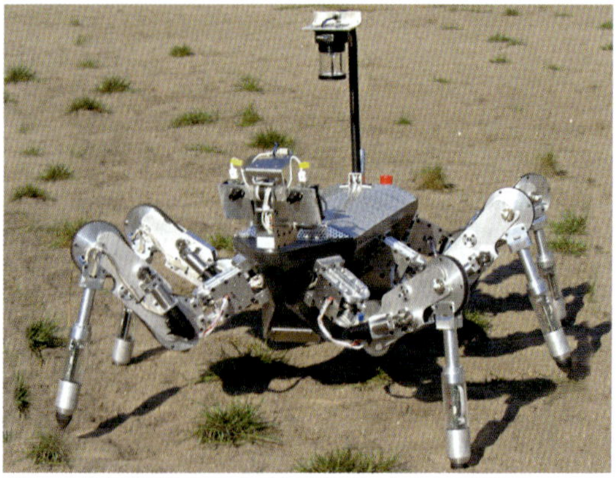

2 „Lauron" wurde nach dem Vorbild der Stabheuschrecke gebaut. Trotz des guten Verständnisses der zugrunde liegenden biologischen Bewegungen sind die erreichten Geschwindigkeiten und Traglasten relativ gering.

Ein großer Teil der Laufroboter hat heutzutage sechs oder mehr Beine (Abb. 2). Der Grund dafür liegt in ihrem sehr stabilen Laufverhalten. Im Vergleich zu vier- oder sogar nur zweibeinigen Robotern können sie so gut wie nie umfallen.

Viele der **sechsbeinigen Roboter** funktionieren nach dem gleichen Prinzip, das man bei der Stabheuschrecke (Abb. 1) gefunden hat. Neben einer normalen Programmierung der oben beschriebenen Regeln zur Bewegungskoordination gibt es mittlerweile auch Ansätze, in denen versucht wird, die Funktionen mit künstlichen neuronalen Netzen nachzubilden und so den Roboter selbst die richtigen Bewegungsabläufe lernen zu lassen.

3 Mit dem Roboterhund Aibo werden jedes Jahr Fußballweltmeisterschaften ausgetragen. Die Roboter müssen mit einer Kamera den Ball erkennen und selbstständig entscheiden, wohin sie schießen. Auch wenn die Roboter nicht in Deutschland entwickelt wurden, ist Deutschland schon zum wiederholten Male Weltmeister beim Roboterfußball geworden.

Vierbeinige Roboter sind aus den oben beschriebenen Gründen etwas schwieriger zu konstruieren und zu steuern. Obwohl in Japan viele vierbeinige Roboter als Spielzeug oder mechanische Haustiere verkauft werden, ist auch das Interesse der Forscher an diesen Robotern sehr groß. Zum einen bieten sie genau wie die sechsbeinigen Roboter eine gute Möglichkeit, die Bewegungen von Tieren zu verstehen, indem man versucht sie mit den Robotern nachzuahmen. Zum anderen sind sie aber auch bestens dazu geeignet, autonomes Verhalten, Objekterkennung und andere Problemstellungen für eine künstliche Intelligenz zu testen (Abb. 3).

Eine der größten Herausforderungen bleibt aber die Entwicklung von **anthropoiden,** also **menschenähnlichen Robotern.** Obwohl man schon sehr früh versucht hat, Roboter mit nur zwei Beinen zu bauen und schon beeindruckende Ergebnisse erzielt hat, hat man es noch nicht geschafft, einen Roboter zu entwickeln, der die Komplexität und Dynamik des menschlichen Körpers nachbildet (s. S. 81).

Fortbewegung im Wasser – Schwimmen

Grundsätzlich müssen alle Körper, die sich im Wasser bewegen, einerseits den **Strömungswiderstand** überwinden und andererseits **Vortrieb** erzeugen. So müssen Fische bei strömendem und ruhendem Wasser vorwärtskommen. Dabei soll der Energieeinsatz bei der Fortbewegung so gering wie möglich gehalten werden. Im Prinzip ist das Schwimmen bei allen Lebewesen gleich, nämlich das von den Gliedmaßen erfasste Wasser nach hinten zu bewegen (Abb. 1).
Fische sind den herrschenden Gesetzen der **Hydrodynamik** in vollkommener Weise angepasst und dadurch in der Lage, mit geringerem Kraftaufwand als jedes gelegentlich schwimmende Landtier voranzukommen.

Die Fortbewegung im Medium Wasser erfolgt erst dann optimal, wenn Wasserlebewesen den für ihre Größe wirkenden physikalischen Bedingungen entsprechen.
Fließt das Wasser mit geringer Strömungsgeschwindigkeit am kleinen Fischkörper entlang, so kann es der Körperkontur folgen. Die Stromlinien laufen geordnet nebeneinander und beeinflussen sich nicht gegenseitig. Diese Art der Strömung wird als **laminare Strömung** bezeichnet (Abb. 3a). Sie hat den Vorteil, dass sie nur geringen Widerstand durch Reibung verursacht. Ihr Nachteil besteht darin, dass wegen des geringen Energieaustauschs zwischen den Wasserschichten unvermeidliche Verluste nicht durch Reibung ausgeglichen werden können. Als Folge davon kommt es zur Strömungsablösung.
Strömungsablösung führt zur Wirbelbildung (Abb. 2) und erhöht den Reibungswiderstand. Strömung mit Verwirbelungen wird **turbulente Strömung** (Abb. 3b) genannt. Der wirbelstarke Fahrtwind von Zügen besteht auch aus solchen Wirbeln.

Verlaufen Stromlinien ungeordnet wirbelförmig durcheinander, so wird diese Strömung als turbulent bezeichnet. Sie entsteht aus der laminaren Strömung beim Überschreiten einer bestimmten **Strömungsgeschwindigkeit.**

1 Aus Erfahrung wissen wir, dass wir tüchtig die Gliedmaßen in Bewegung versetzen müssen, um ausdauernd mit einer bestimmten Geschwindigkeit zu schwimmen. Doch schwimmen wir gegenüber den Fischen sehr unvollkommen, weil wir als Lebewesen vornehmlich an das Landleben „angepasst“ sind.

2 Beim Wasser, das aus dem Wasserhahn fließt, geht die laminare Strömung beim weiteren Aufdrehen in eine turbulente Strömung über.

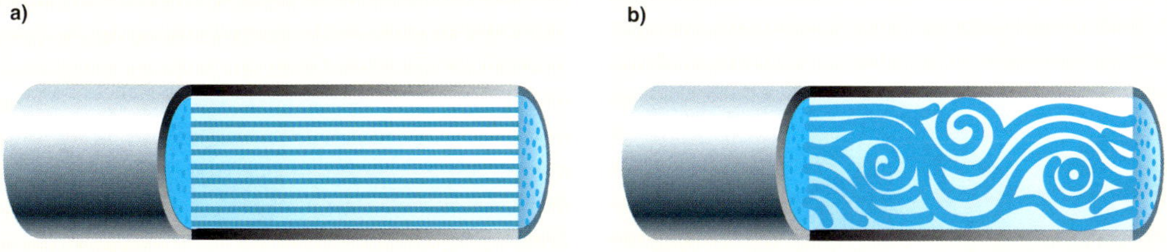

3 Die Stromlinien der laminaren Strömung laufen geordnet parallel nebeneinander (a). Die Stromlinien der turbulenten Strömung laufen ungeordnet wirbelförmig durcheinander (b). Sie entsteht aus der laminaren Strömung beim Überschreiten einer bestimmten Strömungsgeschwindigkeit.

1 **Das Spindelprofil macht den Körper der Pinguine stromlinienförmig und ermöglicht ihnen eine schnelle Fortbewegung unter Wasser.**

Damit sie nicht zu viel Energie benötigen, haben sich bei Fischen, tauchenden Vögeln und Meeressäugern Anpassungen entwickelt, die den Strömungswiderstand gering halten. Der **Strömungswiderstand** F_W ist proportional der Stirnfläche A (Fläche des größten Querschnitts) des Körpers, der Dichte ρ des umströmenden Fluids und dem Quadrat der Strömungsgeschwindigkeit v (Relativgeschwindigkeit zwischen Körper und Fluid).

Es ist bekannt, dass der Strömungswiderstand durch folgende Möglichkeiten reduziert werden kann:
- stromlinienförmiger Körper in Tropfen-, Laminar- oder Spindelprofil, der minimalen Widerstand aufweist (Abb. 1)
- Fischschleim, der die Oberflächenreibung verringert und den Umschlag von der laminaren zur turbulenten Strömung verzögert
- Rillenstrukturen, die die turbulente Querbewegung der Strömung behindern, wie beim Schwarzspitzenhai (s. S. 13)
- flexible Hautoberfläche, wie beispielsweise beim Delfin, die die auftretenden Turbulenzen dämpft bzw. unterdrückt
- flexible Anhangstrukturen, wie die Flossen

2 **Es ist anzunehmen, dass die horizontal angeordnete Schwanzflosse bei Wal und Delfin (beide gehören zu den lungenatmenden Säugern) besonders günstig für schnelles Auf- und Abtauchen ist.**

Zu den flexiblen Anhangstrukturen gehört die Schwanzflosse (Abb. 3), die sich im Laufe der evolutionären Entwicklung optimal auf energiearme Fortbewegung ausgerichtet hat. Die beiden „Propellerblätter" des natürlichen Flossenantriebs sind in zwei Hälften der Schwanzflosse geteilt, die entweder rhythmisch vertikal (Fische) oder horizontal (Wale und Delfine, Abb. 2) bewegt werden.

Beim Fisch nimmt etwa bis zu 70 % der gesamten Masse die für die Fortbewegung notwendige **Antriebsmuskulatur** ein. Die Muskulatur besteht aus roten und weißen Anteilen. Mit der roten Muskulatur werden mittlere Schwimmgeschwindigkeiten erzeugt, die einer bis 2,5 Körperlängen pro Sekunde entsprechen. Sie wird als Ausdauermuskulatur bezeichnet. Die weiße Muskulatur wird erst bei höheren Schwimmgeschwindigkeiten über 2,5 Körperlängen pro Sekunde bei Beutefang- oder Fluchtbewegungen aktiviert. Sie wird Sprintmuskulatur genannt. Mit dem Einsatz der weißen Muskulatur wird die rote nicht deaktiviert, sondern bleibt in „Bereitschaftsstellung".

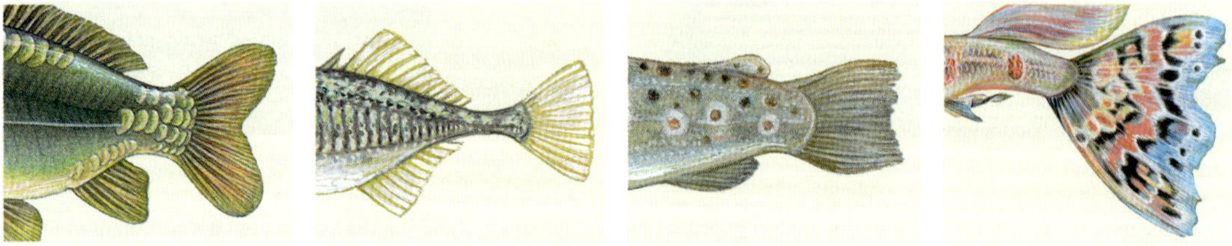

3 **Schwanzflossen von Fischen variieren in den verschiedenen Formen und Größen.**

So schwimmen Fische

Grundsätzlich werden drei Arten von Schwimmbewegungen bei Fischen unterschieden, die in Abhängigkeit von der Beteiligung eines mehr oder weniger großen Körperabschnitts (Variation der Hebelwirkung der Schwanzflosse) beim Antrieb wirksam werden.

1. **Fortbewegung durch Einsatz des gesamten Körpers**
   Die Amplitude der Körperauslenkung steigt vom Kopf in Richtung Schwanz stetig an. Die Fortbewegungsgeschwindigkeit ist von der Amplitude und von der Wellenlänge der Körperschwingung abhängig.

   Beispiel: Aal

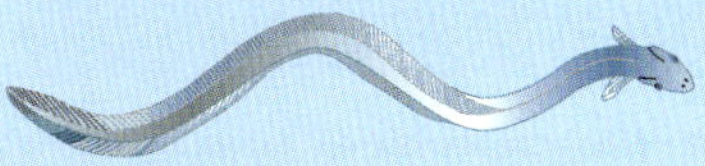

2. **Fortbewegung durch Einsatz der hinteren Körperhälfte**
   Bei dieser Fortbewegungsart werden hohe Beschleunigungswerte erzielt. Dabei wird die Schwanzflosse lateral bewegt sowie gleichzeitig abgewinkelt und gekrümmt, wodurch sich die „ruderaktive" Fläche während des Schlags periodisch ändert.

   Beispiel: Hecht 50 m/s; Forelle 40 m/s

3. **Fortbewegung durch Einsatz der Schwanzflosse**
   Diese Fortbewegungsart ist langsam, aber gleichmäßig. Die Schwanzflosse wirkt hierbei wie ein Propeller.

   Beispiel: Kofferfisch

Aus der Wirbelstraße, die bei der Fortbewegung durch den Schwanzflossenschlag im Nachlauf entsteht, schöpfen die Tiere zusätzliche Vortriebsenergie. Die Vortriebskraft wird an der umströmten Hinterkante der Flosse erzeugt (Abb. 1).

Beispielsweise bewegt die Schwanzflosse des Grönlandwals in jeder Sekunde etwa 400 Liter Wasser, das von der Flosse eingesogen und achteraus, also nach hinten, weggeschleudert wird. Dadurch bekommt der Körper einen Kraftstoß nach vorn (Abb. 2).

Die Erzeugung und Beschleunigung von Massepaketen durch Flossenschlag ist aufgrund der relativ hohen Dichte des Wassers gegenüber der Luft ein besonders wirksames Mittel zur Fortbewegung. Im Unterschied zu Luft ist Wasser ca. 800-mal schwerer. Damit Vögel durch Schlagflügel den notwendigen Vor- und Auftrieb in Luft erhalten, bewegen sie ihre Schlagflügel mit einer höheren Schlagfrequenz als Fische ihre Flossen im Wasser.

Die Größe des Massepakets hängt von der seitlichen Schlagkraft der Schwanzflosse ab, die ihrerseits wiederum vom Flächenumfang beeinflusst wird. Die Flossenkante bei Fischen, Walen und Delfinen und der Flügelrand der Vögel sind die markanten Stellen an den Fortbewegungsorganen, an denen Massepakete entstehen und wo diese auch fortgeschleudert werden.

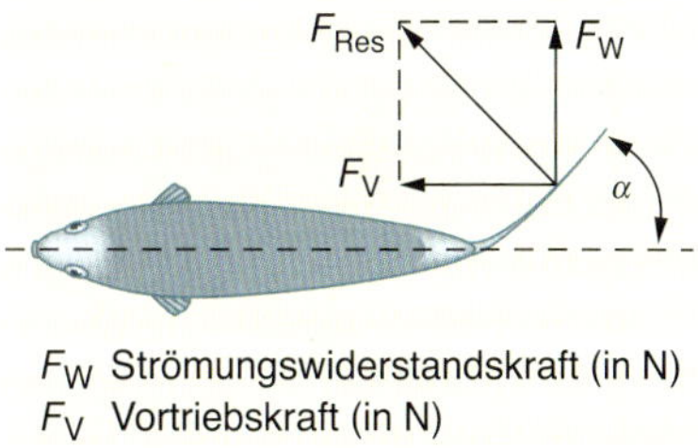

1 Kräfte an der Schwanzflosse

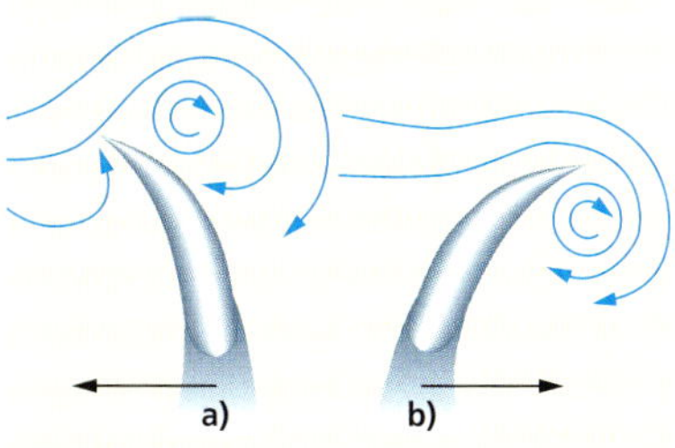

2 Entstehung des Massepakets an der Schwanzflosse
a) Ansaugen der Fluidmasse (Erzeugung des Massepakets)
b) Wegschleudern der Fluidmasse (Abstoßung des Massepakets)

1 Mit den aufgespreizten Schwungfedern reduziert der Rabengeier die Verlustenergie des Randwirbels. Die Vögel sparen mit diesem Trick bis zu 10 % Antriebsleistung. Das Aufspreizen der Handschwingen erfolgt passiv durch die Luft beim Fliegen.

Vom Vogel zum Flugzeug

Der Flug der Vögel beschäftigt seit Jahrtausenden die Fantasie der Menschen. Er gibt viele Rätsel auf und einige davon sind bis heute nicht gelöst. Aktives Fliegen, also ein Fliegen, das über einen reinen Gleitflug hinausgeht, finden wir bei Insekten, Vögeln, Säugetieren (Fledermäusen und Flughunden) sowie bei den ausgestorbenen Flugsauriern.

An der Geschichte der Fliegerei wird deutlich, dass die belebte Natur dem Techniker vor allem Ideen liefern kann, jedoch keine Kopiervorlage. Der Traum vom Fliegen konnte erst verwirklicht werden, als mithilfe des Vogelflugs zwar die Mechanismen der Auftriebserzeugung verstanden wurden, der Schlagflug als Antriebsprinzip jedoch verworfen wurde. In der Folge spielte der Vogel als Vorbild lange Zeit keine Rolle mehr im Bereich der Luftfahrtentwicklung. Erst in den letzten Jahren wurden bestimmte Phänomene des Vogelflugs so weit verstanden, dass sie zur Verbesserung von Flugzeugen beitragen können, vor allem mit dem Ziel, **Treibstoff einzusparen** und die **Flugsicherheit** zu erhöhen.

Der Bau von Flugzeugen wurde erst möglich, als die Mechanismen der Auftriebserzeugung verstanden und Probleme der **Flugstabilität** und **Steuerbarkeit** gelöst worden waren.

2 Kräfte am Flugzeug bei gleichförmiger, horizontaler Bewegung

Ein Vogel oder ein Flugzeug bewegen sich (normalerweise) in mehr oder weniger ruhender Luft. Experimentatoren und auch Theoretiker der Strömungsphysik betrachten hingegen meist ein ruhendes Flugobjekt in bewegter Luft. Ob nun die Luft oder das Flugobjekt bewegt wird, beide Betrachtungsweisen führen zu den gleichen Ergebnissen. Daher werden viele Experimente in einem Windkanal durchgeführt.

Egal, ob im Experiment die Luft oder das Flugobjekt bewegt wird, es führt zu den gleichen Ergebnissen, denn es kommt nur auf die **Relativgeschwindigkeit** zwischen der Luft und dem Flugobjekt an.

Für die meisten Strömungsmedien gelten die gleichen physikalischen Gesetze. Beachtet man die unterschiedliche Dichte und Zähigkeit von Luft und Wasser, lassen sich Versuchsergebnisse vom Windkanal in einen Wasserkanal übertragen.

Die Gewichtskraft eines Vogels oder Flugzeugs muss durch eine nach oben gerichtete Kraft kompensiert werden, wenn die Flughöhe gehalten werden soll. Diese Kraft wird von den Tragflügeln erzeugt und als Auftrieb bezeichnet (Abb. 2). Da der Auftrieb aufgrund der Bewegung zwischen Luft und Körper zustande kommt, wird er **dynamischer Auftrieb** genannt (im Gegensatz zum statischen Auftrieb bei Körpern, die eine geringere Dichte als Luft besitzen). Ein dynamischer Auftrieb kann bereits durch eine unter einem Winkel angestellte ebene Platte erzeugt werden. Er kann jedoch durch die Wahl eines geeigneten Flügelprofils noch verstärkt werden.

Bei der Betrachtung des dynamischen Auftriebs sind die physikalischen Größen **Druck** und **Geschwindigkeit** die entscheidenden Größen (Abb. 1).

Das Zustandekommen der Auftriebskraft lässt sich anhand einer Tragflügelumströmung (Abb. 2) erklären. Die auf der Oberseite beobachtete Krümmung der Stromlinien wird durch einen zur Flügeloberseite hin kleiner werdenden Druck verursacht. Voraussetzung für die unterschiedlichen Drücke sind unterschiedliche Strömungsgeschwindigkeiten oberhalb und unterhalb des Tragflügels.
Die Strömung wird durch den Tragflügel aufgeteilt. Betrachtet man den Bereich weit vor dem Flügel, so kennzeichnet die rote Linie etwa die Trennung der oberhalb und unterhalb verlaufenden Strömung. Man erkennt, dass Strömungsteilchen, die auch „bequem" unter dem Flügel geradlinig weiterströmen könnten, den Weg oberhalb des Flügels nehmen. Oberhalb des Flügels strömen also vermehrt Teilchen, die dort zwangsläufig schneller strömen müssen.

Oberhalb des Tragflügels entsteht dabei ein Gebiet mit größerer Strömungsgeschwindigkeit als unterhalb. Dort, wo die Luft schneller strömt, herrscht ein geringerer Druck. Auf der Flügeloberseite herrscht also ein Unterdruck (Sog), auf der Flügelunterseite ein Überdruck (verglichen mit dem Atmosphärendruck). Der Unterschied zwischen Flügeloberseite und Flügelunterseite bewirkt den Auftrieb. Dabei ist der Sog auf der Oberseite normalerweise stärker an der Auftriebserzeugung beteiligt als der Druck der Unterseite, d. h. der Flügel wird mehr nach oben gesaugt als von unten gedrückt. Aus der starken Krümmung der Stromlinien im Bereich der Flügelvorderkante lässt sich folgern, dass hier der größte Unterdruck herrscht.

Der Sog auf der Oberseite des Tragflügels und die Druckkraft auf der Unterseite des Tragflügels ergeben die **Auftriebskraft.**

Sehr häufig lässt sich ein physikalischer Effekt auf unterschiedliche Weisen erklären, die alle (gleichberechtigt) richtig sind. So gibt es auch beim Tragflügel eine alternative Betrachtungsweise: Durch den Tragflügel wird die Luft nach unten abgelenkt. Sie erhält dabei einen Impuls nach unten. Nach dem Impulserhaltungssatz wirkt auf den Tragflügel ein gleich großer Impuls nach oben.

Druck p	**Geschwindigkeit v**
$p = \frac{F}{A}$ F Kraft A Fläche	$v = \frac{s}{t}$ s zurückgelegter Weg t Zeit
Einheit: $1\ \frac{\text{N}}{\text{m}^2} = 1\ \text{Pa}$ $1\ \text{bar} = 10^5\ \text{Pa}$	$1\ \frac{\text{m}}{\text{s}} = 3{,}6\ \frac{\text{km}}{\text{h}}$

1 Diese beiden physikalischen Größen spielen in der Strömungsphysik eine wichtige Rolle.

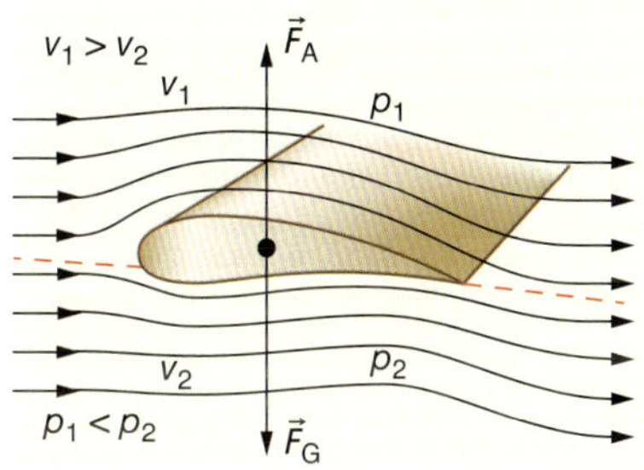

2 Am Tragflügel herrschen unterschiedliche Geschwindigkeiten und Drücke. Die Linien um den Flügel sind die Stromlinien.

1 Das Prinzip der dynamischen Auftriebserzeugung findet auch an den Flügeln eines Formel-1-Rennwagens oder am Segel eines Segelboots Anwendung. Am Rennwagen wirkt die Kraft nach unten und wird auch als Abtrieb bezeichnet. Sie drückt den Wagen auf die Fahrbahn.

Aus dem zuvor Gesagten wird verständlich, dass der Auftrieb umso größer ist, je größer die Relativgeschwindigkeit zwischen Luft und Tragflügel ist. Zum Fliegen ist also stets eine bestimmte Mindestgeschwindigkeit notwendig. Weitere Einflussgrößen sind der **Anstellwinkel** des Tragflügels und die **Flügelwölbung.**

Schlagflug: Bewegt sich ein Körper durch Luft oder Wasser, muss dieser einen Widerstand „überwinden" (s. S. 72, Abb. 2). Der Widerstand wird durch den Winddruck und die körpernahe Reibung der Luft bzw. des Wassers verursacht. Strömungsmedien wie Luft und Wasser besitzen eine Zähigkeit, die man besonders ausgeprägt vom Honig her kennt. Zum Aufrechterhalten der Bewegung ist eine Kraft erforderlich, die der Widerstandskraft entgegengesetzt gleich groß sein muss. Diese der Widerstandskraft entgegen wirkende Kraft ist die Antriebskraft, die auch als Schubkraft oder Vortrieb bezeichnet wird. Beim Flugzeug wird der Vortrieb durch Strahltriebwerke oder Propeller erzeugt, beim Vogel durch die Schlagbewegung der Flügel. In der Technik werden also Auftrieb und Vortrieb getrennt voneinander erzeugt, der Vogel macht beides mit seinen Flügeln. Das Fliegen durch regelmäßige Auf- und Abwärtsbewegung der Flügel wird als Schlagflug bezeichnet. Durch Verdrehen der Flügel, insbesondere im äußeren Bereich, wird durch die Überlagerung von Anströmung und Flügelbewegung erreicht, dass die dynamische Auftriebskraft ein wenig in Flugrichtung zeigt: Die in Flugrichtung wirkende Komponente ist der Vortrieb. Auftrieb und Vortrieb können allerdings über den Flügelschlag hinweg nicht gleichbleibend erzeugt werden, sondern sie schwanken periodisch.

Beim Schlagflug werden Auftrieb und Vortrieb allein mit den Flügeln erzeugt. Beim Flugzeug sind Tragflächen und Treibwerk bzw. Propeller erforderlich.

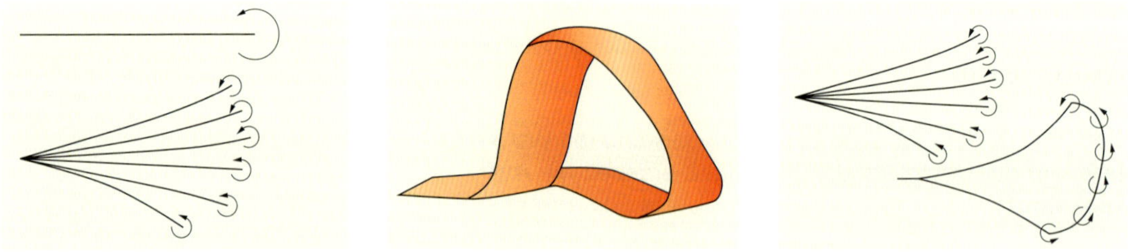

a) Statt eines großen Randwirbels an jedem Ende werden beim aufgespreizten Flügelende mehrere kleine Randwirbel erzeugt.

b) Schlaufenförmiges Flügelende: Verschmiert man die Randwirbel, so kommt man zu einer schlaufenförmigen Endform.

c) Die Randwirbel verteilen sich bei den aufgespreizten Flügelenden und beim schlaufenförmigen Flügelende vertikal.

2 Die Energiebilanz zeigt: Das Mehrfachwirbelsystem enthält eine geringere Gesamtenergie als der einzelne Wirbel eines konventionellen Flügels. Trotz der unterschiedlichen Form ist die physikalische Wirkung beim aufgespreizten Flügelende und beim schlaufenförmigen Flügelende praktisch gleich. Das zeigt wieder: Bionik ist nicht Kopieren aus der Natur, sondern das Übertragen von Wirkprinzipien!

Folgende Beispiele zeigen, wie mithilfe der Bionik das Fliegen mit Flugzeugen sicherer und energiesparender werden kann:

Randwirbel und aufgespreizte Flügelenden: Ein charakteristisches Merkmal des Vogelflügels sind seine aufgespreizten Enden (s. S. 72, Abb. 1), die bei fast allen Landvögeln gut zu beobachten sind. Die aufgespreizten Handschwingen verringern den Strömungswiderstand. Infolge der unterschiedlichen Drücke auf Ober- und Unterseite eines Tragflügels entstehen an den beiden äußeren Flügelenden Wirbel (Abb. 1), die einen zusätzlichen Energieverbrauch verursachen. Mit den aufgespreizten Handschwingen sparen die Vögel Energie (s. S. 74, Abb. 2). In der Technik wird mit sogenannten Multiwinglets (Abb. 2) experimentiert, bei Verkehrsflugzeugen werden einfache Winglets verwendet.

1 Randwirbel, mithilfe einer Farbwolke sichtbar gemacht

2 Aufgeteilte Randwirbel am Multiwinglet im Windkanal

Deckgefieder als Rückstrombremse: Viele Vögel können erstaunliche Flugmanöver durchführen. Dabei treten zum Teil kritische Anstellwinkel auf, bei denen eine Ablösung der Strömung droht: Die Strömung auf der Flügeloberseite muss hinter dem Druckminimum gegen einen steigenden Druck „ankämpfen". Ab einem bestimmten Anstellwinkel gelingt ihr das nicht mehr. Es kommt direkt über dem Flügel zu einer Rückströmung, weil die Strömungsteilchen durch Reibung zusätzlich abgebremst werden. Gefährlich ist ein Ablösen der Strömung vor allem, weil sie fast immer zuerst auf einem der beiden Flügel auftritt, verbunden mit einem starken Auftriebsverlust. Der andere Flügel erzeugt weiter seinen vollen Auftrieb mit der fatalen Folge, dass sich der Vogel oder das Flugzeug um seine Längsachse drehen würde.
Beginnt die Ablösung, so stellt sich beim Vogel passiv durch die einsetzende Rückströmung das Deckgefieder auf (Abb. 3) und bildet für die Rückströmung eine Barriere. Der Mechanismus ist dem eines Rückschlagventils vergleichbar. Könnte etwas Ähnliches beim Flugzeug eingesetzt werden, so würde das die Flugsicherheit erhöhen.

3 Aufgestelltes Deckgefieder auf der Flügeloberseite einer Raubmöve

Daumenfittich zur Strömungsbeeinflussung: Die Vögel setzen ihre Daumenfittiche (Abb. 4) in kritischen Flugzuständen ein, um das Ablösen der Strömung durch Längswirbel zu vermeiden oder wenigstens einzugrenzen. So bewältigen sie extremen Langsamflug, das Landen und den Flug durch Windböen.

Formationsflug: Fliegen Vögel weite Strecken (Vogelzug), fliegen sie meist in speziellen Formationen hintereinander, um Energie zu sparen (V-Formation). Der vorausfliegende Vogel benötigt die meiste Energie, die nachfliegenden profitieren. In der Technik wird der Formationsflug bei Langstreckenflügen von Militärflugzeugen realisiert, die dann weniger oft betankt werden müssen.

4 Abgespreizte Daumenfittiche mit Wirbelsystem

Aufgaben

1. Es gibt Tiere mit zwei, vier, sechs oder noch mehr Beinen. Beschreibe, wie die einzelnen Tiere gehen oder laufen! Neben dem Gehen gibt es noch andere Fortbewegungsmöglichkeiten an Land. Welche Formen der Fortbewegung gibt es und wie stehen sie in Verbindung zu dem Lebensraum der Tiere?

2. Vergleiche im Selbstversuch statisch und dynamisch stabiles Gehen!
   a) Gib Gründe für die unterschiedlich erreichbaren Geschwindigkeiten an!
   b) Welche der beiden Gangarten ist anstrengender? Warum?

3. Beschreibe den Bewegungsverlauf beim menschlichen Gang! Überlege, wann Kraft aufgebracht werden muss und welche Abschnitte passiv ablaufen!

4. Insekten verfügen nur über ein relativ einfaches Nervensystem und können trotzdem komplexe Bewegungen ausführen.
   a) Beschreibe anhand einer Zeichnung, wie Insekten ihre Beine koordinieren!
   b) Welche Vorteile ergeben sich aus einer dezentralen Bewegungssteuerung?
   c) Beschreibe, wie Insekten über ein Hindernis gehen!

5. Obwohl es mittlerweile viele Roboter mit Beinen gibt, fahren die meisten von ihnen immer noch auf Rädern. Warum?
   a) Stelle die Vor- und Nachteile der beiden Fortbewegungsarten gegenüber!
   b) In welcher Situation sollte man Räder für einen Roboter verwenden, wann Beine?

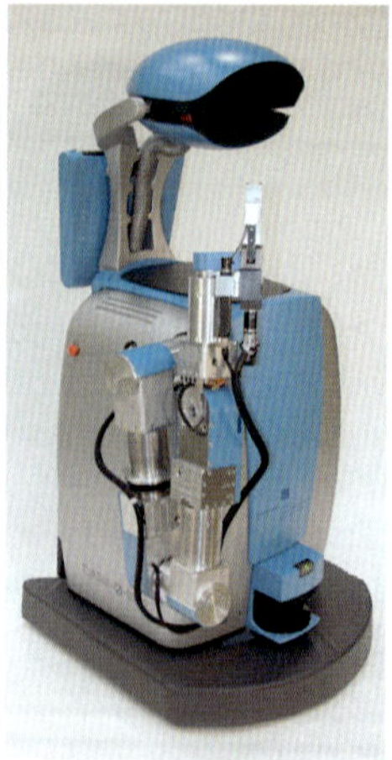

6. Es gibt viele Roboter, die sich an dem Vorbild der Insekten orientieren.
   a) Welche Vorteile haben sechsbeinige Roboter gegenüber solchen mit vier oder nur zwei Beinen?
   b) Sechsbeinige Roboter schneiden im Vergleich mit ihren biologischen Vorbildern relativ schlecht ab. Woran könnte das liegen?
   c) Für welche Aufgaben könnten sechsbeinige Roboter geeignet sein?

7. Entwickle eine technische Lösung für ein Flossenboot! Die Schwingbewegung der Flosse soll durch einen Elektromotor erfolgen, der mit einer Batterie betrieben wird. Die Welle des Elektromotors führt jedoch eine rotierende Bewegung aus. Entwirf und baue für die Umformung der rotierenden Bewegung in eine Schwingbewegung ein entsprechendes Getriebe!

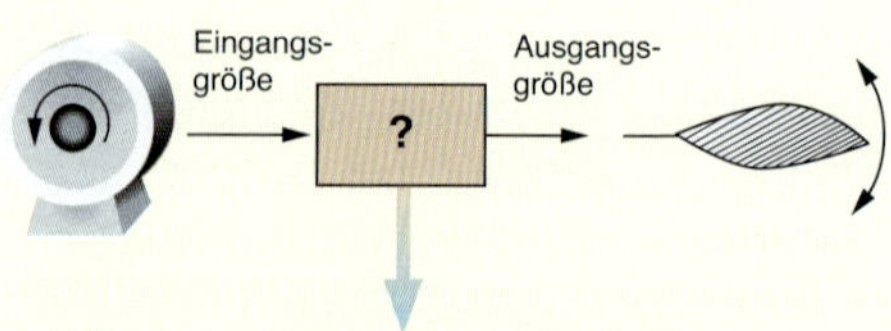

Funktion: Formen und Übertragen von Bewegungen
Struktur: Technische Mittel – Getriebe

8. Leite aus den Schwanzflossenformen der Fische und Meeressäuger geeignete Flossenformen für den Antrieb des Modellboots ab

und teste sie in einem Wasserbehälter! Finde dabei diejenige Flossenform heraus, mit der das Boot die höhere Fahrgeschwindigkeit erreicht!

9. Finde in diesem Buch und in weiteren Quellen Beispiele für die bionische Anwendung von Erkenntnissen über die Fortbewegung von Tieren im Wasser!

10. Auf ein Flugzeug wirken beim Flug sehr unterschiedliche Kräfte. Welche Kräfte wirken auf ein Flugzeug und was bewirken sie?

11. Wie würde sich ein Flugzeug bewegen, wenn folgende Zustände auftreten?
    a) Die Auftriebskraft ist größer als die Gewichtskraft.
    b) Die Auftriebskraft ist kleiner als die Gewichtskraft.
    c) Die Antriebskraft ist größer als die Luftwiderstandskraft.
    d) Die Antriebskraft ist kleiner als die Luftwiderstandskraft.

12. Zeige die Auftriebskraft mit einem Blatt Papier! Halte das Blatt lose an den beiden Längsseiten fest und puste hinten gegen die Kante der kürzeren Seite!
    Wohin bewegt sich das Blatt? Erkläre mithilfe der Begriffe Druck und Geschwindigkeit!

13. Untersuche mithilfe einer Waage, wie groß die Auftriebskraft ist und wie sie sich ändert, wenn die Bedingungen verändert werden! Die Skizze zeigt den Versuchsaufbau.
    Wenn kein Tragflächenprofil vorhanden ist, kannst du gebogene Pappe verwenden.

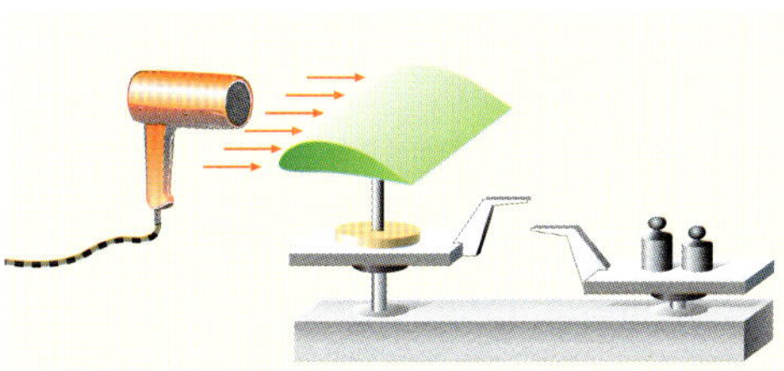

Untersuche an einem Tragflächenprofil, wie sich die Auftriebskraft mit dem Anstellwinkel und mit der Strömungsgeschwindigkeit verändert!

14. Informiere dich über Flugzeugtypen, die heute im Luftverkehr eingesetzt werden, und fertige eine Übersicht an! Wie schnell sind diese Flugzeuge? Wie viele Passagiere können sie befördern? Wie groß sind Start- und Landegeschwindigkeiten?

15. Nenne Eigenschaften von Flugzeugen, die durch bionische Ansätze verbessert werden können! Erläutere die bionischen Ansätze!

16. Die Flächenbelastung ist das Verhältnis der Gewichtskraft (F_G), die auf das Flugobjekt wirkt, zur Auftrieb erzeugenden Fläche (A).

$$\frac{F_G}{A} \ (\text{in } \frac{\text{N}}{\text{m}^2})$$

Je größer die Flügelfläche bei gleicher Gewichtskraft ist, desto geringer ist die Flächenbelastung. Objekte mit größerer Flächenbelastung müssen schneller fliegen, um in der Luft zu bleiben. Stell dir vor, man würde alle Längenmaße eines Vogels verdoppeln.
    a) Wie würde sich seine Flächenbelastung ändern?

    b) Was würde sich am Flug des vergrößerten Vogels ändern?
    c) Begründe, warum ein Mensch nicht mithilfe des Schlagflugs fliegen kann!
    d) Wie könnte eine Lösung aussehen, mit der man sich mit eigener Körperkraft in die Luft erheben kann?

17. Der Luftwiderstandsbeiwert (c_W-Wert) und die Reynoldszahl sind wichtige aerodynamische Kennzahlen.
    a) Informiere dich über die Bedeutung dieser beiden Kennzahlen!
    b) Nenne die Faktoren, die die Kennwerte jeweils beeinflussen!
    c) Finde Beispiele aus der Technik, in denen c_W-Wert oder Reynoldszahl angewendet werden!

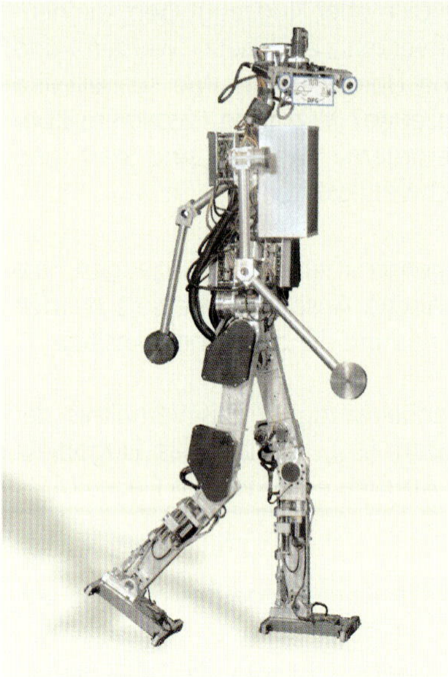

1 Johnnie, ein menschenähnlicher Laufroboter der Technischen Universität München

3.6 Der Mensch im Mittelpunkt

Bionik soll, wie jede von Menschen gemachte Technik, dem Menschen dienen, human sein. Bionik kann sich aber auch auf den Menschen als Betrachtungsgegenstand beziehen. Das Wort Anthropobionik baut auf einem allgemein eingeführten Begriff auf: Die Lehre vom Menschen und seiner Entstehung heißt Anthropologie.

Anthropobionik hat zwei wesentliche Zielrichtungen:

1. Betrachtung des Menschen, seiner Gestalt, Funktionen und seines Verhaltens als Anregung für die Gestaltung technischer Objekte. Dient dies dazu, Maschinen menschengerecht zu gestalten, so ist es Aufgabe der Arbeitswissenschaften (Ergonomie). Uns soll hier der **Mensch als Vorbild** für die Gestaltung von Systemen interessieren, die keinen unmittelbaren Kontakt zum Bediener brauchen: **Roboter.**
2. Anthropobionik kann auch helfen, Maschinen zu entwickeln, die am oder im Menschen Einsatz finden und Kranken helfen, ein normales Leben zu führen. Umsetzung finden diese Ideen in der **biomedizinischen Technik.**

Der Versuch, menschenähnliche Roboter zu bauen, ist zunächst grandios gescheitert. Ein einfaches Nachbauen der menschlichen Gestalt reicht nicht aus, damit eine Maschine nicht nur aussieht wie ein Mensch, sondern auch so funktioniert. Formen und Funktionen müssen zueinander passen. Die Wissenschaft, die sich mit den Wechselwirkungen von Formen und Funktionen in Lebewesen auseinandersetzt, heißt **funktionelle Morphologie.** Der Begriff Morphologie wurde von JOHANN WOLFGANG VON GOETHE eingeführt und bedeutet „vergleichende Gestaltlehre". In den zweihundert Jahren, in denen seitdem darüber geforscht wurde, haben wir lernen können, dass sich die Wechselwirkungen von Formen und Funktionen bei Lebewesen häufig erst aus deren Entwicklungsgeschichte ableiten lassen. Dementsprechend führt der bionische Weg zu menschenähnlichen Robotern über die funktionelle Morphologie des Menschen und damit über eine Betrachtung der Evolution des Menschen (s. S. 79).

Das typische Bild einer Tierart wie des Menschen wird von zwei Faktoren bestimmt: Farbe und Struktur der Oberfläche (Haut, Fell, Gefieder) und Körperkontur. Letztere wird bei Wirbeltieren mit ihrem innen liegenden Skelett von der Muskulatur beherrscht – dem Bewegungsapparat mit seinen vorrangig mechanischen Funktionen. Die anderen Kapitel des Buches zeigen uns, dass sich viele einzelne Gestaltmerkmale von Lebewesen (bio)mechanisch erklären lassen. Diese Erfahrung gibt uns den Mut, auch ganze Körperformen wie die des Menschen mechanisch zu erklären.

Auf dem Weg zur Menschwerdung

Ausgangssituation ist das Leben im Wasser vor Hunderten von Millionen Jahren. Da beim Schwimmen (s. S. 69) ein flächiger Kontakt zwischen Lebewesen und Umgebung herrscht, ist die Möglichkeit zur flächigen Kraftübertragung gegeben, aber auch zur Übertragung von Drehwirkungen, von Momenten.

Die für die Fortbewegung genutzten Momente bedingen Druck- und Zugkräfte, die im Wirbeltierkörper durch eine Aufgabenteilung bewältigt werden: Die Wirbelsäule übernimmt als federnder „Druckstab" die Druckkräfte, die Muskeln wirken als Zugseile. Dieses Gegenspielerprinzip, **Antagonismus** genannt, wird im Laufe der Entwicklung auf die Muskulatur ausgedehnt. Damit wird eine intensivere Koordination der Antagonisten erforderlich, die Anforderungen an das Zentralnervensystem steigen.
Beim **Übergang zum Landleben** geht die „Rund-um-Unterstützung" durch das Wasser verloren. Es bestehen nur kleinflächige Kontakte zwischen Lebewesen und Untergrund. An diesen Kontaktpunkten wirken Lebewesen und Umgebung nur durch Zufall formschlüssig aufeinander, Koppelelemente wie Krallen sind erforderlich. Tiere, die sich in stark wechselnden Umgebungen bewegen, brauchen einzelne, definiert zu platzierende Elemente für die Kraftausleitung: Der Rumpf gewinnt Extremitäten wie Beine und Arme.
Drehwirkungen sind bei derartigen Punktkontakten nur über **Kräftepaare** übertragbar, einer von vielen Vorteilen paariger Extremitäten.

Um die Biegeschwingungen des Rumpfs bei Vierbeinern gezielt in der Umgebung abzustützen, sind Beine mit mindestens zwei langen Knochenelementen erforderlich, die im diagonalen Wechsel („über Kreuz") gesetzt werden. Reptilien und Amphibien besitzen derartige Extremitäten, die auswärtsgestellt neben dem Körper aufsetzen. Die Biegewellen des Rumpfs bestimmen die Beinbewegungen (Abb. 1).
Die Beine der Reptilien sind jedoch nicht beweglich genug, um an alle Körperstellen zu gelangen. Das können nur Beine mit drei langen Segmenten. Reptilien sind wechselwarm, Säugetiere aber sind gleichwarm und besitzen als Wärmeisolation ein Fell. Aber: Wer Haare hat, hat auch Parasiten! Fellpflege ist notwendig. Durch Verlängerung schon vorhandener Knochen zum dritten Langsegment (Schulterblatt, hinterer Mittelfuß) entstehen in der Entwicklungsgeschichte dreisegmentige Extremitäten. Diese werden einwärts gedreht und setzen unter dem Körper auf. Dazu gehört eine Abnahme der waagerechten und eine Zunahme der senkrechten Biegeschwingungen des Rumpfs. Damit können die Biegewellen des Rumpfs über ein vorderes und ein hinteres Beinpaar rhythmisch auf den Untergrund gebracht werden. Elastische Beine erleichtern und stabilisieren diese Gangarten. Die Vorläufer und Verwandten des Menschen entwickelten Greifhände und Greiffüße (und auch Greifschwänze) zum Festhalten – mechanisch heißt das: zum Übertragen von Momenten z. B. in Äste und Baumstämme (Abb. 2).

1 Die Biegung des Körpers ist bei der Fortbewegung der Reptilien deutlich zu erkennen. Da die Beine nach außen gestellt sind, ist eine Bewegung direkt unter dem Körper nicht möglich.

2 Als die Zweibeinigkeit (Bipedie) entstand, war die Möglichkeit zur Entwicklung des Handgeschicks (Manipulationsfähigkeit) des Menschen aus den Greifhänden der Vorfahren gebahnt.

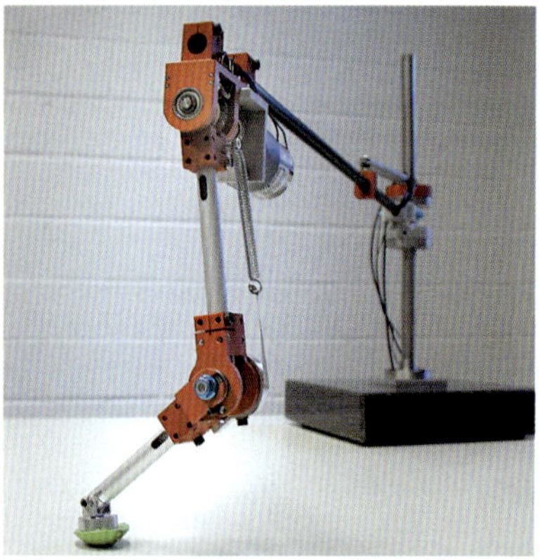

1 **Die menschlichen Beine zeigen in ausgeprägtem Maß Federeigenschaften. Mit diesen wird der Leistungsbedarf für das Gehen und Laufen verringert, gleichzeitig sind sie aber auch Ausdruck mechanischer Intelligenz. Eine günstige Kombination von Feder- und Masseeigenschaften erlaubt dem Menschen weitgehend selbststabilisierende Bewegungen, bei denen die Mechanik ohne die Notwendigkeit einer zentralnervösen Kontrolle durch Gehirn und Rückenmark ihre zyklisch sich wiederholenden Bewegungen „robust abspult". Das Bild zeigt eine technische Umsetzung dieses Prinzips in ein hüpfendes Roboterbein mit einer Stahlfeder, die im Lauflabor der Universität Jena entwickelt wurde.**

Gestaltmerkmale des heutigen Menschen

Im Laufe der Evolution konnte sich das typisch menschliche Muster des Gehens und Laufens entwickeln und optimieren. Dabei erweist sich die Körperform des Menschen, die wie oben betrachtet vorrangig die seines Bewegungsapparats ist, als angepasst an das ausdauernde Gehen.

Der heutige Mensch (Homo sapiens) hat bei seiner Fortbewegung zahlreiche Ergebnisse der Stammesentwicklung in seinem evolutiven Erbe:

- Bewegung nutzt den Rumpf.
- Zusammenspiel von Knochen und Muskeln geht von Antagonisten aus.
- Extremitäten bestehen jeweils aus drei Langsegmenten.
- Extremitäten sind elastisch.
- Spezialisierte Nutzung der Hände ist möglich.
- Zentralnervensystem ist hoch entwickelt.

Es ist uns beim Gehen sicher meist nicht bewusst, aber auch der Mensch nutzt den Rumpf systematisch für die Fortbewegung. Bei der aufrechten Körperhaltung trägt eine Verdrehung des Rumpfs in sich (Torsion) besonders gut zum Bewegungsfortschritt und zu großer Schrittlänge bei.
Dementsprechend hat der menschliche Rumpf in seiner Mitte in Form einer Einschnürung ein ausgeprägtes Gelenk: die Taille. Dieser Rumpf mit Taille ist lang gestreckt mit Massenkonzentrationen jeweils an den Enden: Schulter und Becken. Diese mit einem Abstand verbundenen Massen verleihen dem Rumpf einen Drehwiderstand (Massenträgheitsmoment) gegenüber den von außen über Arme und Beine auf ihn wirkenden Kräften. Diese Kräfte sind bei den Beinen etwa doppelt so groß wie bei den Armen – folgerichtig stehen die Hebelarme dieser Kräfte im umgekehrten Verhältnis, um ein Momentengleichgewicht zu erreichen: Der Abstand der Schultergelenke voneinander ist etwa doppelt so groß wie jener der Hüftgelenke.

2 **Verschiedene Gangphasen eines gehenden Kindes. Wo befinden sich linkes Bein, rechter Arm, linker Arm? Achte auf die Streifen des Hemds! Was macht der Rumpf beim Gehen?**

Arme und Beine sind in Schulter- und Hüftgelenken am Rumpf aufgehängt. Ihre Muskelmassen sind rumpfnah konzentriert. Damit können lange Beine große Schritte machen, während ihr Hin- und Herschwingen von kurzen Pendellängen bestimmt und damit schnell ist. Die Arme sind zwar absolut kürzer als die Beine, durch die großen, schweren Hände entspricht ihre Pendellänge aber annähernd jener der Beine – Voraussetzung für ein Schwingen im Gleich- oder Wechselklang. Beim Menschen schwingen Arme und Beine wechselläufig. Dieser Phasenversatz wird aufgefangen in der Rumpfverdrehung und im dritten Langsegment der Arme, dem Schulterblatt. Unter der Haut verborgen wird das Schulterblatt zwar gerne bei der Betrachtung der Armbewegung vergessen, der Mensch kann aber sein entwicklungsgeschichtliches Erbe nicht ablegen und nutzt es wie seine Vorläufer weiterhin für die Fortbewegung.

Anthropoide Roboter

1836 veröffentlichten die Brüder WILHELM und EDUARD WEBER ihr Buch „Über die menschlichen Gehwerkzeuge" als Produkt früher Militärforschung. Die Studien wurden ausgelöst durch die preußische Militärreform nach der Niederlage gegen NAPOLEON bei Jena und Auerstädt. Wunsch des preußischen Königs war eine Verbesserung der Marschfähigkeit seiner Infanterie auf der Basis wissenschaftlicher Erkenntnisse. Insofern ist es nur konsequent, dass das amerikanische Verteidigungsministerium heute einer der wichtigsten Förderer der Laufmaschinenforschung ist. Erfreulicherweise gibt es aber auch ein entsprechendes ziviles Engagement für die Robotik. Die japanische Regierung fördert in einem langfristigen Programm die Entwicklung von Robotern und insbesondere von Laufmaschinen für den Einsatz im Haushalt. Motiviert wird diese Forschung durch die zunehmende Überalterung der japanischen Gesellschaft – es gibt zukünftig vielleicht einfach nicht mehr genügend junge Menschen, um den Älteren bei den körperlich anstrengenden Tätigkeiten im Alltag zu helfen, sodass Unterstützung durch Maschinen unumgänglich wird.

Die ersten zweibeinigen Roboter konnten sich nur statisch stabil (s. S. 64) fortbewegen und waren entsprechend langsam. Erst mit zunehmender Rechenleistung der Computer wurde ein dynamisches Gehen möglich. Um ein Umfallen zu verhindern, muss die Position berechnet werden, an der der Fuß aufgesetzt werden muss, um das Kippen des Roboters abzufangen. Mit den Erkenntnissen der Biomechanik über die Fortbewegung des Menschen ist es heute möglich, anthropoide Roboter mit weitgehend menschenähnlichen Bewegungsabläufen zu realisieren (Abb. 1). Diese werden oft auch humanoide Roboter genannt.

1 Auch wenn anthropoide Roboter heutzutage schon sehr flüssig gehen, Treppen steigen und sogar tanzen können, fehlt ihnen die Leichtigkeit und Eleganz der menschlichen Bewegung. Der Grund dafür ist ihre fehlende Eigendynamik. Während beim Menschen große Teile der Gehbewegung passiv dynamisch ablaufen – das Bein schwingt beim Gehen passiv nach vorne –, sind bei heutigen Robotern die Bewegungen bis ins Detail vorgegeben und kontrolliert.

Die am weitesten fortgeschrittene zweibeinige Maschine dürfte derzeit „Johnnie“ (S. 78, Abb. 1) sein. Doch auch Johnnie ist noch nicht perfekt. Entwicklungspotenzial besteht nach unseren bisherigen Betrachtungen noch in einer Nutzung des Rumpfs für die Fortbewegung, und auch die Beine sind allenfalls „virtuell“ elastisch. Echte Federelemente könnten helfen, das noch nicht gelöste Problem der verbesserten Energienutzung in den Griff zu bekommen.

Doch muss man den zweibeinigen Robotern und ihren Entwicklern Gerechtigkeit widerfahren lassen: Während man den einfach zu stabilisierenden vielbeinigen Maschinen jede Wackelei als „niedlich“ durchgehen lässt, werden auch nur geringe Abweichungen des Bewegungsmusters bei den viel schwerer zu kontrollierenden Zweibeinern kritisch zur Kenntnis genommen. Eigentlich ist es aber ein großes Lob für den Entwicklungsstand der anthropoiden Roboter, dass wir Menschen uns geneigt fühlen, die Maschinen schon als so menschenähnlich zu akzeptieren, dass wir die Kriterien unserer eingebauten Mustererkennung anwenden, ob sich eine Maschine denn „normal menschlich“ bewege.

Prothesen/Robosuits

Moderne **Prothesen** sind weit mehr als das klassische Holzbein. Während Beinprothesen früher in der Regel nur passiv die Bewegungen des Patienten mitmachten, können sie heute aktiv die Bewegungen unterstützen. Mithilfe von Sensoren, integrierten Schaltkreisen und eigenen Antrieben passt sich die Prothese an die Schrittlänge und Geschwindigkeit des Patienten an und erleichtert so das Gehen (Abb. 2). Auch Sportarten sind durch einen einfachen Wechsel des Programms möglich. Neben den Prothesen für den alltäglichen Gebrauch, gibt es auch spezielle Sportprothesen, die für den Bewegungsablauf bei bestimmten Sportarten optimiert wurden und mit denen die Sportler bei den Paralympics Höchstleistungen erreichen.

Auch gesunde Menschen können durch künstliche Körperhilfen unterstützt werden (Abb. 3). Sogenannte **Roboteranzüge** (engl. *robosuits*), können eine Hilfe bei anstrengenden Arbeiten oder für ältere Menschen sein. Viele dieser Robosuits befinden sich jedoch noch in der Entwicklung. Neben den Problemen, ausreichende Leistung und Energieversorgung zu gewährleisten, spielt die Sicherheit die größte Rolle.
Obwohl es sich sowohl bei den Prothesen als auch bei den Robosuits um die gleiche Technik handelt, die auch bei den Robotern eingesetzt wird, gibt es hier so gut wie keine Probleme mit der Koordination. Die Bewegungen sehen natürlich aus, denn sie werden vom Menschen gesteuert. Dabei kommt die erstaunliche Fähigkeit des biologischen Nervensystems zum Tragen, sich schnell an neue Situationen anpassen zu können. Es kann lernen, auch unter ungewöhnlichen Bedingungen zu arbeiten und sich an die neue „Hardware“ gewöhnen.

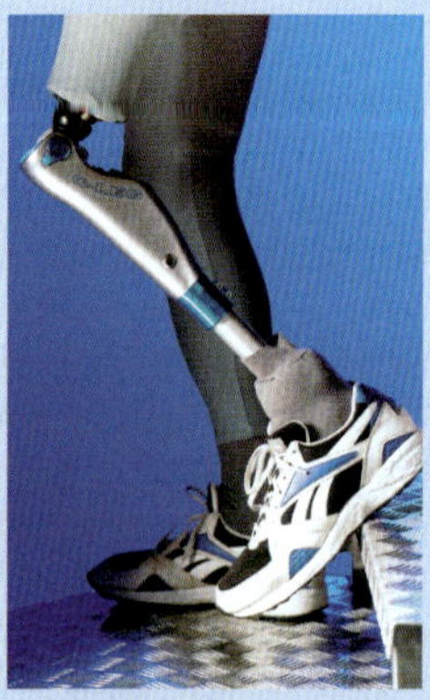

1 Mit dem C-Leg können Patienten schon nach kurzer Trainingsphase normal gehen.

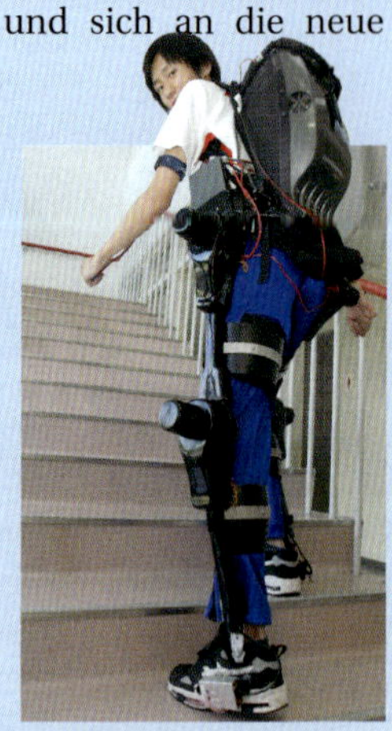

2 Dieser in Japan entwickelte Roboteranzug verdoppelt die Körperkraft des Trägers.

Aufgaben

1. Informiere dich z. B. in Biologiebüchern über die Vorfahren des Menschen! Welches der folgenden Tiere ist Nachfahre eines gemeinsamen Wirbeltiervorfahren des Menschen: Komodowaran, Ratte, Pferd, Schimpanse oder Spannerraupe?

2. Veranschauliche anhand des Seilziehens, was ein Antagonist (Gegenspieler) ist! Schlage die Begriffe Agonist (Spieler) und Synergist (Mitspieler) im Lexikon nach und erkläre sie!

3. Ahme nach, wie ein Pferd seine Beine im Trab nutzt! Hat auch der Mensch solch eine „diagonale" Gangart? Führe sie vor!

4. Zeige übertrieben, wie der Mensch beim Gehen seinen Rumpf in der Taille verdreht! Zeige anschließend, wie ein Roboter (z. B. Johnnie) bei fehlender Verdrehung der Taille gehen muss!

5. Geht der Pendelbewegung von Extremitäten im Selbstversuch nach!
   a) Bildet Dreiergruppen! Die „Versuchsperson" legt sich bäuchlings auf eine Schulbank und lässt einen Arm an der Seite der Schulbank herunterbaumeln. Sie soll nun den Arm zehnmal ohne große Anstrengung hin und her baumeln lassen. Das zweite Teammitglied zählt laut mit, das dritte stoppt mit der Armbanduhr die benötigte Zeit.
   b) Schritt a wird wiederholt, aber die Versuchsperson nimmt ein Schulbuch in die schwingende Hand.
   c) Was hat sich verändert? Warum? Warum können wir unsere langen Arme und Beine trotzdem ziemlich schnell hin und her bewegen?

6. Das Ziel vieler Roboterforscher ist es, einen anthropoiden Roboter zu entwickeln. Erläutere die Schwierigkeiten, die es bei der Konstruktion anthropoider Roboter gibt!
   Nenne Gründe für eine menschenähnliche Form der Roboter!
   Bedenke die möglichen Anwendungsgebiete!

7. Recherchiere im Internet nach weiteren Eigenschaften von „Johnnie" oder anderen Robotern! Erstelle einen Steckbrief!

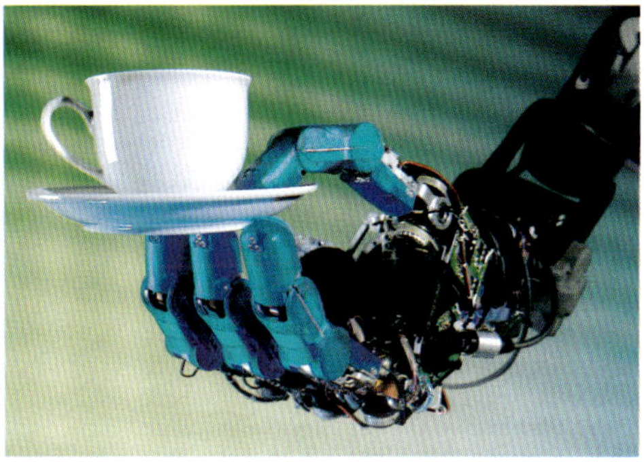

8. Diskutiert den Nutzen von anthropoiden Robotern!
   Berücksichtigt z. B. folgende Aspekte:
   - Ist es bei heute etwa 5 Millionen Arbeitslosen sinnvoll, wenn Roboter menschliche Arbeit übernehmen?
   - Welche Tätigkeiten würdest du einem Roboter überlassen?
   - Sollte man Menschen auch gefährliche Arbeiten (z. B. Minenräumen) übernehmen lassen, wenn Roboter dies genauso gut beherrschen würden?
   - In welcher Form könnten Roboter eine Gefahr darstellen? Suche unter dem Stichwort militärischer Einsatz von Robotern!
   - Gibt es noch Unterschiede in Realität und Science-Fiction bei der Roboterentwicklung?

9. Unsere Gesellschaft wird durch zu wenige Geburten bald aus viel mehr alten als jungen Menschen bestehen. Diskutiere mit deinen Mitschülerinnen und Mitschülern, welche Unterstützung Roboter den Älteren bieten sollten und welche Aufgaben ein Roboter auf keinen Fall übernehmen sollte!

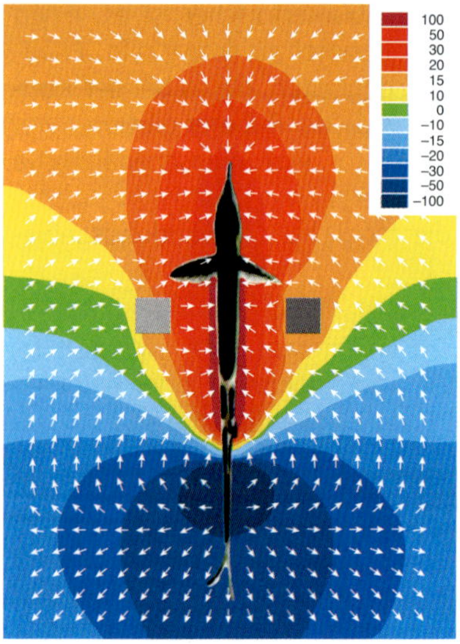

1 **Der Elefantenrüsselfisch erzeugt durch die Entladung seines elektrischen Organs im Wasser ein elektrisches Feld. Die Bereiche gleichen elektrischen Potenzials sind farbig dargestellt: positive Spannungen sind als rote Farbtöne, negative Spannungen blau dargestellt. Die weißen Pfeile geben die Richtung der elektrischen Feldlinien an. Rechts und links vom Fisch befindet sich jeweils ein Objekt: Links ein Würfel aus Metall (guter elektrischer Leiter), rechts ein Plastikwürfel (Nichtleiter). Das leitende Objekt führt zu einer Verdichtung der Feldlinien an der Haut des Fischs, während der Plastikwürfel die Feldlinien lokal ausdünnt.**

3.7 Orientierung im Raum

Elektrische Fische als Vorbild für bionische Sensoren

Die meisten tagaktiven Tiere orientieren sich visuell, also mit den Augen in ihrer Umwelt. Was machen aber Tiere, die im Dunkeln oder in sehr trübem Wasser aktiv sind? Es gibt tropische Fische, die über **aktive Elektroortung** verfügen, d. h. sich mithilfe selbst erzeugter elektrischer Felder orientieren. **Schwachelektrische** Fische erzeugen mit einem speziellen Organ elektrische Signale, die ein elektrisches Feld im Wasser aufbauen (Abb. 1). Der afrikanische Elefantenrüsselfisch (Gnathonemus petersii, Abb. 2) besitzt z. B. ca. 2 000 **Elektrorezeptorenorgane,** die über fast die gesamte Hautoberfläche verteilt sind. Hiermit kann er das elektrische Feld auf seiner Körperoberfläche abtasten. Ein Gegenstand in der Nähe verzerrt das elektrische Feld und ändert das von den Rezeptoren gemessene Signal. Je nachdem, ob das Objekt ein guter oder schlechter elektrischer Leiter ist, wird das Signal entweder verstärkt oder abgeschwächt und die Form des Signals verzerrt.
Versuche haben gezeigt, dass Elefantenrüsselfische zu erstaunlichen Wahrnehmungsleistungen in der Lage sind. Sie können Objekte dreidimensional im Wasser lokalisieren und ihre Entfernung auf wenige Millimeter genau messen. Auch Größe, Form und sogar die Materialeigenschaften erkennt der Fisch. Da der elektrische Sinn so genau ist, erhält der Elefantenrüsselfisch ein exaktes elektrisches Abbild seiner Umgebung. Er kann sich so selbst bei völliger Dunkelheit schnell und sicher durch seinen Lebensraum bewegen.

In der **Technik** gibt es Umgebungen, in denen optische Sensoren versagen. Wissenschaftler haben die Fische als Vorbild genommen und bionische **Elektroortungssensoren** entwickelt. Diese Sensoren bestehen aus Elektroden, die ein elektrisches Feld in einem leitenden Medium, z. B. in Wasser, erzeugen und gleichzeitig vermessen.

2 **Der Elefantenrüsselfisch ist ein schwachelektrischer Fisch, der in Süßwasserflüssen West- und Zentralafrikas lebt. Die Poren der Elektrorezeptororgane erscheinen als kleine helle Pünktchen am Kopf und Rücken. Das elektrische Organ zur Erzeugung des Ortungssignals befindet sich im Schwanzstiel des Fischs.**

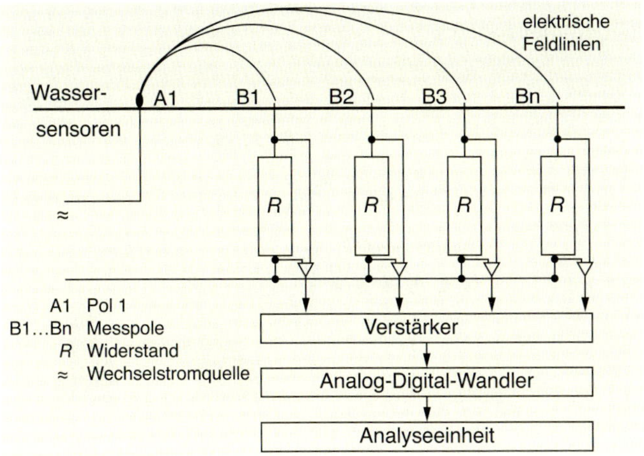

1 Schematischer Schaltplan eines aus mehreren Sensoren bestehenden bionischen Elektroortungssystems. Damit können ein Objekt festgestellt, seine Entfernung gemessen und elektrische Materialeigenschaften bestimmt werden.

Wenn sich einem solchen Sensor ein Objekt nähert, wird es von ihm festgestellt, man sagt auch es wird **detektiert.** Zusätzlich können die Entfernung des Gegenstands berechnet und elektrische Materialeigenschaften bestimmt werden. Die Entfernungsmessung kommt zum Einsatz, wenn der Sensor z. B. an einem Schiff oder einem Anlegekai montiert ist. In der Produktion kann der Sensor zur Kontrolle von Maschinen oder zur Qualitätsprüfung fertiger Produkte eingesetzt werden. Ein großer Vorteil von Elektroortungssensoren ist ihre Unempfindlichkeit gegenüber Verschmutzungen des Mediums. So funktionieren sie auch in trüben Flüssigkeiten, bei Änderungen der Umgebungstemperatur oder bei hohem Druck.

Um wie die Fische ein elektrisches Bild der Umgebung zu erhalten, muss die Anordnung aus mehreren Sensoren bestehen (Abb. 1).

Das Seitenliniensystem der Fische

Versuche, einen Fisch im Dunkeln mit der bloßen Hand zu fangen, misslingen meist, da der Fisch blitzschnell ausweicht. Der Fisch kann zwar die Hand nicht sehen, aber er nimmt die Bewegung der Hand mit einem **Ferntastsinnessystem,** dem Seitenliniensystem, wahr.

Mit dem **Seitenliniensystem** nehmen Fische kleinste Wasserbewegungen und Druckunterschiede wahr.

Das Seitenliniensystem besteht aus wenigen bis zu mehreren Tausend **Neuromasten** (Sinnesknospen), die frei auf der Körperoberfläche oder in Kanälen der Haut vorkommen und meist kleiner als ein zehntel Millimeter sind. Jede der 25 000 bekannten Fischarten hat ein individuelles Muster von Sinnesknospen und Seitenlinienkanälen (Abb. 2).

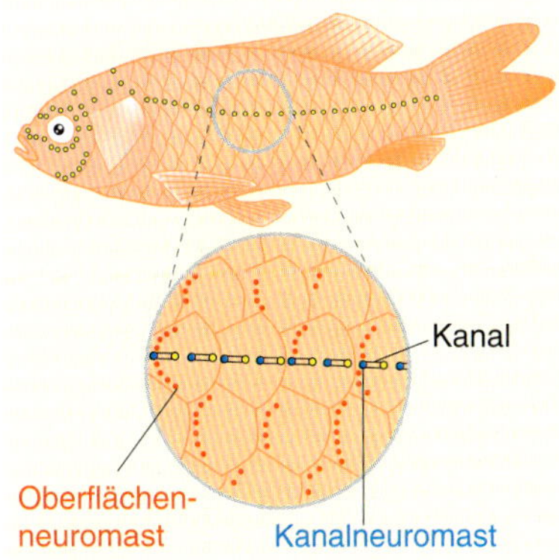

2 Seitenlinie des Goldfischs: Die Poren des Seitenlinienkanals sind in einer Linie an der Seite angeordnet. Zwischen zwei Poren befinden sich als Sinnesknospen die Kanalneuromasten (blau).
Die Oberflächenneuromasten (rot) sind in einem arttypischen Muster über die gesamte Körperoberfläche verteilt.

So funktionieren die Sinnesknospen des Seitenliniensystems

Die kleinste für Wasserbewegungen empfindliche Einheit ist die **Haarsinneszelle.**
Sie besteht aus einem Zellkörper, der im Querschnitt ca. 1/1 000 mm misst und auf dessen Oberseite sich ein randständiges längeres „Haar" (Kinozilium) und bis zu 150 Zellausstülpungen (Stereovilli) befinden. Pro Neuromast finden sich zwischen einigen Dutzend und mehrere Tausend Haarsinneszellen, die zu einem Sinnesfeld zusammengefasst sind. Die Kinozilien und Stereovilli ragen in eine gallertige Struktur, die Cupula, hinein. Diese vermittelt die Bewegungen des Wassers an die Haarsinneszellen, wobei die Stereovilli und Kinozilien abgebogen werden. Die Abbiegung ist abhängig von der Richtung und Strömung des Wassers. Diese Information wird von den Haarsinneszellen über Nervenfasern an das Gehirn geleitet. Die **Kanalneuromasten** messen den Unterschied des Wasserdrucks zwischen zwei benachbarten Poren des flüssigkeitsgefüllten Kanals. Hingegen messen die **Oberflächenneuromasten** die Wassergeschwindigkeit.

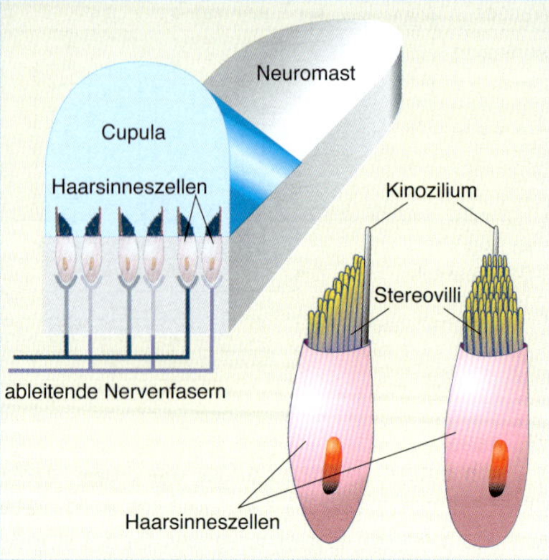

1 Schematischer Schnitt durch das Sinnesfeld eines Neuromasten und vergrößerte Darstellung der Haarsinneszellen in Seiten- und Frontalansicht

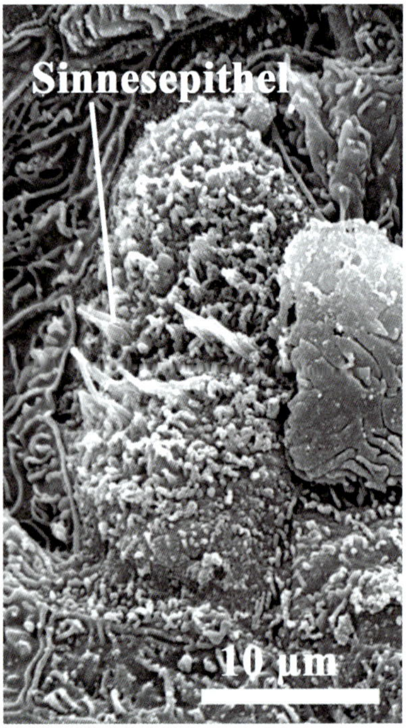

2 Rasterelektronenmikroskopische Aufnahme eines Neuromasten des Goldfischs: Das Sinnesfeld (Sinnesepithel) liegt auf einem Streifen in der Mitte des Neuromasten.

In Still- und Fließgewässern sind Fische unterschiedlichen **Seitenlinienreizen** ausgesetzt, die sie dem Verursacher zuordnen können:

1. Wasserbewegungen, erzeugt von anderen Tieren (z. B. Beute, Feinde, Artgenossen)
2. Wasserbewegungen, erzeugt durch die Eigenbewegung des Fischs, die durch das Vorbeischwimmen an einem Gegenstand (z. B. Stein, Pflanze) verändert werden
3. Oberflächenwellen, entstehend durch Gegenstände (z. B. Blätter, Insekten), die auf die Wasseroberfläche fallen

Fische nutzen die Seitenlinie zur Erkennung von Hindernissen, Beute, Feinden und Artgenossen.

Fische können mit der Seitenlinie Objekte erkennen und individuell unterscheiden. Diese Fähigkeit ist für zahlreiche technische Anwendungen von Nutzen und so werden nach dem Prinzip der Seitenlinie **technische Sensoren** für Unterwasserboote oder -roboter gebaut. Schon gibt es erste künstliche Haarsinneszellen, die je nach Bau und Anordnung Aufgaben wie Objekterkennung und -unterscheidung übernehmen sollen. Besonders interessant sind diese Anwendungen in dunklen oder trüben Gewässern, wo die optische Orientierung erschwert ist. Unterwasserfahrzeuge, die mit diesen Sensoren ausgestattet werden, können sich so „ein Bild ihrer Umwelt machen", zwischen Hindernissen manövrieren und definierte Gegenstände oder Orte finden.

1 Der Schwarze Kiefernprachtkäfer (Melanophila acuminata) ist 1 cm lang. Der Pfeil deutet auf die Stelle am Körper, wo sich seitlich ein Infrarotorgan befindet.

Infrarotorgane „feuerliebender" Käfer als Vorbild für neuartige Infrarotsensoren

Wenn ein Wald lichterloh brennt, ist das zunächst eine Katastrophe für die betroffenen Bäume, die anderen Pflanzen sowie für alle Tiere, die nicht rechtzeitig fliehen können. Der Schwarze Kiefernprachtkäfer (Abb. 1) hingegen fliegt Waldbrände direkt an. Die holzfressenden Larven dieser Käferart können sich nur im Holz von frisch verbrannten Bäumen entwickeln. Brennt im Sommer zur Flugzeit der Käfer der Wald, so fliegen Männchen und Weibchen gezielt die Waldbrände an. Die frische Brandfläche dient den Geschlechtern als Treffpunkt, und die Weibchen legen nach der Begattung ihre Eier unter die Rinde der verbrannten Bäume ab. Nach kurzer Zeit schlüpfen die Larven und beginnen in der Bastschicht zu fressen. Später bohren sie sich auch tiefer ins Holz. Nach der Überwinterung und der Verpuppung im nächsten Frühjahr schlüpfen während der Sommermonate die Käfer der nächsten Generation und machen sich umgehend auf die Suche nach einem neuen Waldbrand.
Zum Auffinden des Feuers besitzen die Käfer spezielle Organe zur Wahrnehmung von Wärmestrahlung (Infrarotstrahlung, s. S. 55). Je eines dieser Organe befindet sich auf beiden Seiten der Brust unmittelbar hinter den Hüften des mittleren Beinpaars. Mit ihrer Hilfe können sich die Käfer anhand der stetig zunehmenden Strahlungsintensität zum Waldbrand hin orientieren.

Für die Technik ist sehr interessant, dass diese Organe vollkommen ohne Kühlung auskommen. Empfindliche Infrarotsensoren aus Halbleitermaterial mit denen ein Wärmebild aufgenommen werden kann, müssen aufwendig auf sehr niedrige Temperaturen (bis –170 °C) gekühlt werden, da sonst die Eigentemperatur des Sensors die Messung verfälscht. Bisher entwickelte ungekühlte Infrarotsensoren sind deutlich unempfindlicher und liefern weniger gute Bilder.

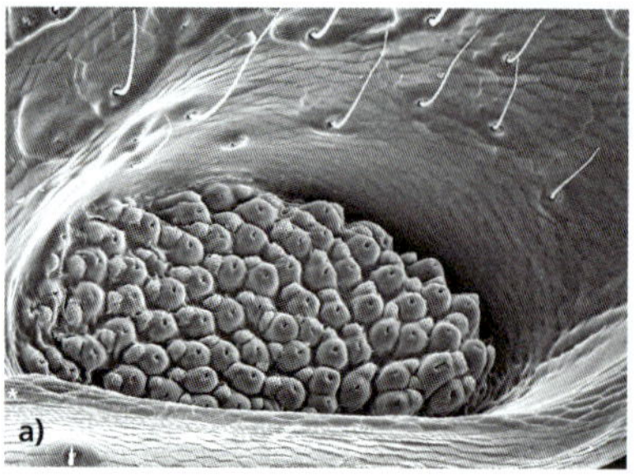

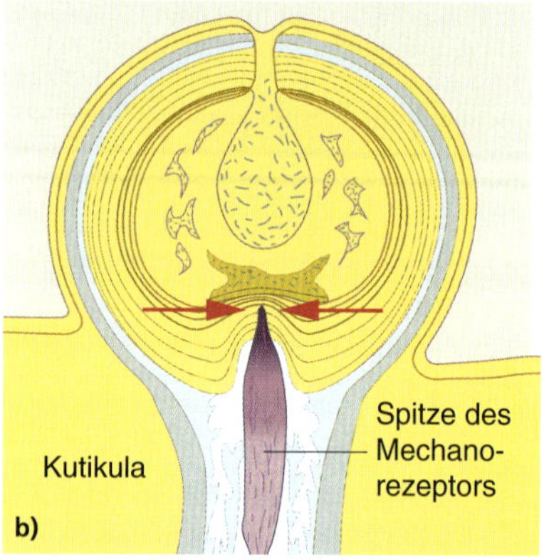

1 Die rasterelektronenmikroskopische Aufnahme (a) zeigt ein Infrarotorgan des Kiefernprachtkäfers. Am Grund einer kleinen Grube (0,3 mm x 0,2 mm) befinden sich ca. 60 kuppelförmige Infrarotsensoren. Jeder einzelne Sensor (b) besteht hauptsächlich aus einer kleinen Kugel aus Kutikula (Durchmesser 0,01 mm). Von unten ist die Spitze einer Sinneszelle verankert, die auf mechanische Reize in Form von Druckveränderungen reagiert.

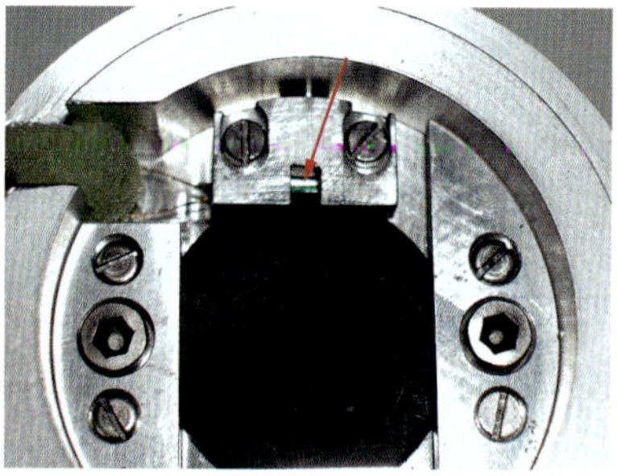

2 Einfacher Prototyp eines fotomechanischen Infrarotdetektors. Infrarotstrahlung wird sehr gut von einer kleinen Scheibe aus Polyethylen absorbiert. Durch die dadurch hervorgerufene Ausdehnung der Scheibe wird ein kleines Piezoelement (grün, s. Pfeil) leicht verbogen, was als Spannungsänderung gemessen werden kann. Auf diese Weise kann z. B. eine Feuerzeugflamme aus einer Entfernung von 2 bis 3 Metern registriert werden.

Zum Einsatz kommen heute **Mikrobolometer.** Die Infrarotstrahlung wird an einem kleinen Plättchen absorbiert, das einem Pixel des Bilds entspricht. Die dadurch hervorgerufene Erwärmung wird z. B. über eine Registrierung der Änderung des elektrischen Widerstands des Plättchens gemessen. Aufgrund der geringen Pixelanzahl ist das Wärmebild relativ schlecht aufgelöst. Zudem sind Mikrobolometer sehr teuer. Daher sind Techniker auf der Suche nach neuen Wegen und Methoden, um ungekühlte Infrarotsensoren zu verbessern. Hier könnte der Infrarotrezeptor des Schwarzen Kiefernprachtkäfers helfen.

Mit einem Mikrobolometer hat das Infrarotorgan des Käfers wenig gemeinsam. Wesentlicher Bestandteil des **Sensors** ist ein winziges Kügelchen aus dem Material des Käferpanzers, der Kutikula. Dieses Kügelchen liegt direkt unter einer dünnwandigen Aufwölbung der äußeren Kutikula (Abb. 1). Das Interessante für die Technik ist, dass das Kügelchen sehr viel kleiner ist als ein einzelnes Pixel eines Mikrobolometers. In das Kügelchen ragt ein sehr empfindlicher Rezeptor, der auf mechanische Reize reagiert.

Trifft Infrarotstrahlung auf, wird sie von dem Kügelchen absorbiert, das sich durch die Erwärmung ausdehnt. Diese winzige Ausdehnung des Kügelchens bewirkt an der Stelle, an der die Spitze des Rezeptors in der Kugel verankert ist, eine Druckänderung. Dadurch wird die Spitze des Rezeptors verformt und in wenigen Millisekunden bildet sich ein Nervenimpuls, der die Information weiterleitet.

Im Infrarotsensor des Kiefernprachtkäfers wird Wärmestrahlung in einen mechanischen Reiz umgewandelt.

Das **fotomechanische Prinzip** der Infrarotwahrnehmung bei Prachtkäfern kann auf verschiedene Weise technisch umgesetzt werden. Zur Demonstration des Wirkmechanismus wurden Prototypen geschaffen (Abb. 2). Mittlerweile werden auch Anstrengungen unternommen, Geräte aus vielen Einzelsensoren herzustellen, um auf diese Weise eine Wärmebildgebung zu erhalten.

Aktuell wird in zwei Richtungen experimentiert:
- Einerseits wird versucht, stark verkleinerte Dehnungsmessstreifen zu produzieren, mit deren Hilfe man z. B. die Ausdehnung eines dünnen Films aus Chitin messen kann.
- Andererseits wird versucht, winzige Kammern mit einer gut die Infrarotstrahlung absorbierenden Flüssigkeit zu füllen, um dann deren Ausdehnung bei Infrarotabsorption messen zu können.

Die Zukunft wird zeigen, welche Konzepte am aussichtsreichsten sind.

Aufgaben

1. Erkläre, warum die aktive Elektroortung nicht an der Luft bzw. in einem nicht leitenden Medium funktioniert!

2. Als Modellversuch zur Elektroortung wurde in einer Schale mit Rizinusöl und Grießkörnern eine hohe Spannung angelegt und der Anordnung eine Metallmünze hinzugefügt.

Betrachte und interpretiere die Abbildung!
a) Beschreibe das entstandene Bild!
b) Erkläre den Verlauf der Feldlinien in der oberen Hälfte der Schale!
c) Stelle eine Vermutung auf, was geschieht, wenn anstelle der Metallmünze eine Plastikmünze, wie z. B. die Marke für einen Supermarktwagen, in das Öl gelegt wird, und begründe sie!
d) Inwiefern gleichen die Bilder dem Feldlinienverlauf um einen schwachelektrischen Fisch? Sind dort die Effekte von Metall- bzw. Plastikobjekten ähnlich?

3. Zeichne in den schematischen Plan eines Elektroortungssensors die Feldlinien des elektrischen Felds ein! Welche Veränderungen ergeben sich bei Anwesenheit eines Metall- oder eines Plastikobjekts?

4. Informiere dich über das Gleichgewichtssinnesorgan der Säugetiere! Welche Gemeinsamkeiten hat es mit dem Seitenliniensystem der Fische?

5. Sieh dir z. B. bei einem Besuch im Zoo die Seitenlinie verschiedener Fische an! Informiere dich anhand der Informationstafeln über die Lebensweise der Fischarten und erstelle eine Tabelle!

6. Überlege dir Anwendungsmöglichkeiten für eine technische Umsetzung der Seitenlinie!

7. Beobachtet, wie sich Fische mithilfe der Seitenlinie orientieren!
   a) Richtet mithilfe eures Biologielehrers ein Aquarium ein! Für die Verhaltensversuche gut geeignet sind Goldfische und blinde Höhlenfische.
   b) Stellt verschiedene Gegenstände in das Aquarium!
   c) Protokolliert das Verhalten jeweils genau!
   d) Stellt Unterschiede und Gemeinsamkeiten fest und arbeitet heraus, ob fehlende Augen Einfluss auf das Verhalten haben!

8. Was versteht man unter einer ökologischen Nische? Nenne einige Beispiele!

9. Informiere dich über den Aufbau der Insektenkutikula! Fertige eine einfache Schemazeichnung von einer Kutikula aus dem harten Panzerbereich z. B. eines Käfers und aus dem Gelenkbereich eines Beins an!

10. Informiere dich im Internet über Funktion und Einsatzmöglichkeiten von Mikrobolometern!

11. Überlege dir Anwendungsmöglichkeiten für einige einfach zu handhabende ungekühlte Infrarotsensoren!

1 Mit seinem Geruchsorgan in den Antennen ist das Männchen des Seidenspinners in der Lage, ein bis zu 2 km entferntes paarungsbereites Weibchen aufzuspüren. Das Seidenspinnerweibchen sendet hierzu einen Sexuallockstoff aus. Das Finden von Sexualpartnern ist für das Überleben der Art entscheidend.

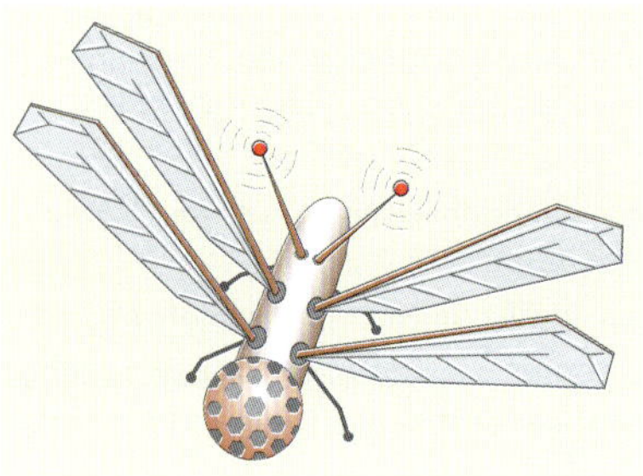

2 Künstliche Libellen sind Zukunftsmusik. Die Flugfähigkeit von Insekten ist in der Technik unerreicht.

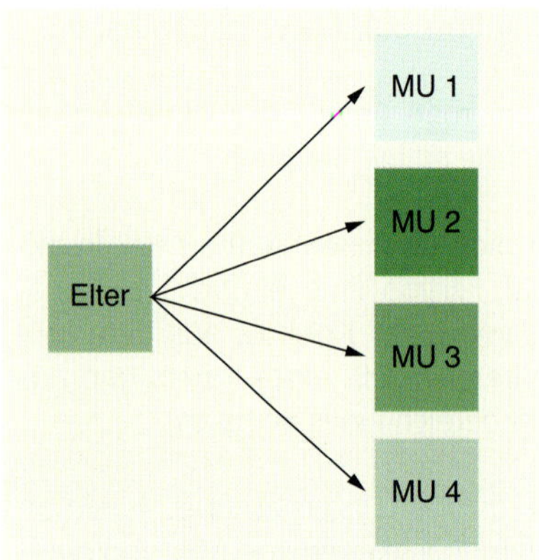

3 Schema einer Mutation bei eingeschlechtlicher Fortpflanzung. Die Farbe soll die Eigenschaft eines Merkmals darstellen, was durch Mutationen (MU 1 bis MU 4) verändert wird. Mutationen sind wesentlich durch den Zufall bestimmt.

3.8 Optimieren technischer Systeme nach Evolutionsprinzipien

In der **Evolutionsbionik** werden die Prinzipien der Evolution bei der Entwicklung technischer Systeme angewandt. Die Natur ist reich an erstaunlichen **Höchstleistungen,** deren Leistungsfähigkeit von technischen Geräten nicht erreicht wird:

- Der Geruchssinn ist bei vielen Tieren sehr gut ausgeprägt, denn er ist für das Überleben und damit für die Erhaltung der Art wichtig. Damit wird Beute aufgespürt, werden Gefahren rechtzeitig erkannt und Sexualpartner gefunden (Abb. 1). Die Empfindlichkeit der Nase ist bei vielen Tieren so groß, dass sie auf ein einziges Molekül eines Stoffs reagieren können. In ihrer Leistungsfähigkeit vergleichbare künstliche Nasen gibt es nicht. Deshalb werden zum Aufspüren von Sprengstoffen oder Drogen Hunde eingesetzt.

- Ein Kolibri, eine Fliege oder eine Libelle steuern auch bei Wind präzise und landen punktgenau. An kleinen Flugobjekten, die für die Überwachung und Aufklärung einsetzbar sind, wird zurzeit gearbeitet. Diese Micro Air Vehicles (MAVs) sind der Flugfähigkeit, Manövrierfähigkeit und Flugstabilität von Vögeln und Insekten weit unterlegen. Präzise Flugmanöver gelingen ihnen nicht (Abb. 2).

- Die fantastische (gewichtsbezogene) Festigkeit von Spinnenseide, die Fähigkeit der Tiere und Pflanzen zur Selbstheilung, die Leistungsfähigkeit unseres Gehirns und vieles andere hat keine technische Entsprechung.

- Die Überlegenheit biologischer Systeme gegenüber den von Ingenieuren erdachten Lösungen zeigt sich auch in der Robotik. Roboter können nicht Gitarre spielen, viele Menschen können dies hingegen. Wenn Roboter laufen, wirken diese eher plump, Treppensteigen oder Durchqueren von Gelände ist kaum möglich.

Höchstleistungen bei Tieren und Pflanzen sind Ergebnisse der **Evolution.**

All diese Höchstleistungen sind das Ergebnis eines **Evolutionsprozesses.** In einer zeitlichen Abfolge kleiner Variationen von Generation zu Generation erfolgt eine Entwicklung. Die biologische Evolution nutzt das Vorhandensein von Bauplänen, dem Erbgut. Träger des Erbguts ist die Desoxyribonukleinsäure (DNS) in der Zelle.

Die biologische Evolution beruht auf zwei Prinzipien:
- **Variation** (Veränderung) und
- **Selektion** (Auslese).

Die Variation gründet sich auf Veränderungen beim Kopieren des Bauplans der Eltern, die **Mutation** (S. 90, Abb. 3), und auf die Kombination des mütterlichen und väterlichen Bauplans, die **Rekombination** (Abb. 1). Von den unterschiedlichen Körpermerkmalen und Verhaltensweisen der Individuen werden durch **Selektion** diejenigen ausgewählt, die beim Überleben und bei der Zeugung fortpflanzungsfähiger Nachkommen Vorteile bringen. Ein Individuum, das sich nicht fortpflanzt, kann auch seine Merkmale nicht vererben. Dies ist Kern der Evolutionstheorie, die CHARLES DARWIN Mitte des 19. Jahrhunderts begründete. Während des Lebens erworbene Eigenschaften werden jedoch nicht vererbt.

In einer Population besitzt jedes Individuum einen etwas anderen Bauplan, was zur Ausprägung unterschiedlicher Merkmale führt. Einige Individuen sind besser angepasst als andere. Sie können mehr Nachkommen erzeugen und tragen so mehr zum Genpool der nächsten Generation bei.

Häufig ist das besser Angepasstsein mit im technischen Sinne besseren Eigenschaften verbunden.

Viele technisch bedeutsame Eigenschaften wie Sehkraft, Schnelligkeit und Festigkeit sind in der Natur ein **Selektionsvorteil.** Geringer Energieverbrauch durch effizienten Stoffwechsel, besseren Antrieb und geringeren Widerstand bei der Bewegung (Schwimmen, Fliegen, Laufen) bedeutet, dass weniger Nahrung benötigt wird. In Zeiten des Nahrungsmangels vergrößern sich die Überlebenschancen. Die Zeit, die zur Nahrungsbeschaffung benötigt wird, reduziert sich und kann für Zeugung und Aufzucht von Nachwuchs genutzt werden. Es gibt auch Merkmale, nach denen in der biologischen Evolution selektiert wird, die funktionell betrachtet wenig interessant sind, z. B. der Federschmuck einiger Vögel (Abb. 2).

Durch die Selektion verbreiten sich die erblichen Merkmale besser angepasster Individuen über **Generationen,** die weniger angepassten werden allmählich verdrängt. Über Jahrmillionen ist so die gesamte Tier- und Pflanzenwelt entstanden, mit den teilweise äußerst raffinierten Lösungen.

Bioniker erforschen die Lösungen der Evolution, um dann aus dem **Verständnis der Prinzipien** neue Ansätze für die Technik zu entwickeln.

Wichtig ist bei der Arbeit nach Evolutionsprinzipien, die Selektionskriterien der biologischen Evolution zu kennen und beim Übertragen in die technische Anwendung zu beachten. So ist es keine Bionik und auch völlig absurd, das Blutgefäßsystem des Menschen als Vorbild für die Straßenplanung einer Großstadt zu verwenden.

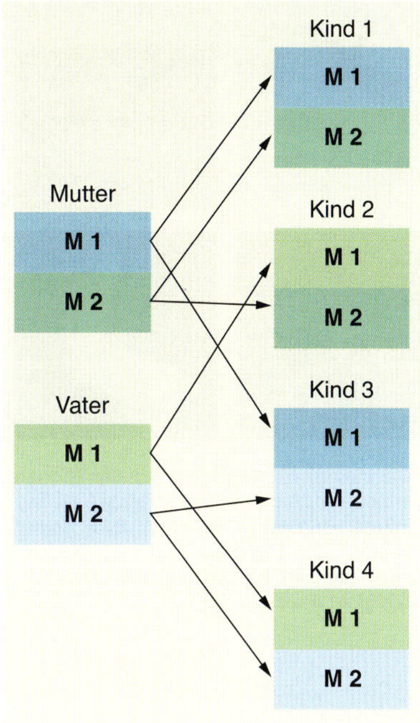

1 Als Rekombination wird die Mischung der elterlichen Gene bezeichnet, also der Mechanismus der sexuellen Fortpflanzung. Im Schema werden alle Möglichkeiten der Kombinationen der beiden Merkmale M1 und M2 in der folgenden Generation dargestellt. Wenn Grün eine besser angepasste Eigenschaft des Merkmals symbolisiert, rot eine schlechter anpasste, vereint Kind 2 die beiden guten Merkmale der Eltern.

2 Die männlichen Pfauen stellen bei der Balz ihre auffällig gefärbten Schwanzfedern radartig auf und erscheinen so vor den Weibchen größer. Den Weibchen imponiert die Größe, denn sie sehen darin gute Gene und vermuten einen kräftigen Partner für die Aufzucht ihres Nachwuchses.

1 Die biologische Evolution hat das Fliegen mindestens 4-mal erfunden: Vögel, Fledermäuse, Flugsaurier, Insekten. Dass immer wieder die gleichen Lösungsprinzipien entwickelt wurden, belegt die Leistungsfähigkeit der Evolution.

Mit dem Satz: „Selektion erzeugt Anpassung und Variation ist allgegenwärtig und ungerichtet", ist DARWINS Evolutionstheorie auf den Punkt gebracht. Sie erklärt wissenschaftlich begründet die Entstehung der Arten als Folge einer Anpassung an ihren jeweiligen Lebensraum mit den Prinzipien der zufälligen Variation und natürlichen Selektion.

Die Evolution erfolgt in kleinen Schritten und nicht in Sprüngen. Auf den ersten Blick ist es schwer vorstellbar, dass sogar ein komplexes Organ wie unser Auge durch geringfügige aufeinanderfolgende Modifikationen entstanden sein soll. Doch lässt sich ein kontinuierlicher Weg zum Auge aufzeigen, denn die einzelnen Entwicklungsstadien sind in archaischen Organismen zu finden: Als Erstes ballen sich lichtempfindliche Zellen zusammen. Dann dellt sich die Pigmentschicht zu einer Grube ein, worauf sich als Nächstes die Grube mit einer gallertigen Masse auffüllt. Schließlich formt sich die Gallertmasse zu einem Lichtkonzentrator.

Die Evolution erfolgt **in kleinen Schritten.**

Diese Leistungsfähigkeit der biologischen Evolution und die Willkürlichkeit der durch Zufall geprägten Mutationen erscheinen widersprüchlich. Ein Karton mit Puzzleteilen wird durch Schütteln nicht richtig zusammengesetzt. Doch dieser Vergleich ist falsch. Der Zufall übernimmt in der Evolution nur die Aufgabe, dass im Sinne der kleinen Variationen in allen Richtungen gesucht wird. Der Verlauf der Evolution hat also durchaus zwangsläufige Züge. Verdeutlich wird die Zwangsläufigkeit auch daran, dass sich vieles in der Evolution mehrmals unabhängig voneinander entwickelt hat (Abb. 1).

Evolutionsstrategie – Optimieren wie die Natur

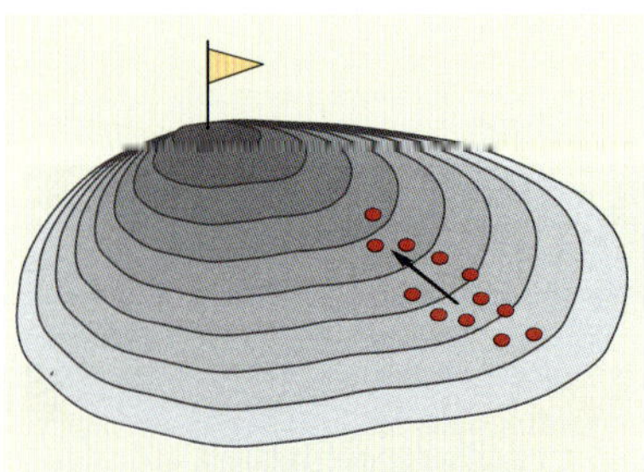

2 Evolutionsstrategische Optimierung, dargestellt an einem Problem mit zwei Eingangsgrößen. Diese beiden Eingangsgrößen sind in der Horizontalen aufgetragen. In der Vertikalen ist die Qualität aufgetragen; die gelbe Fahne markiert die Werte der Eingangsgrößen mit der besten Qualität. Die roten Punkte symbolisieren den Weg der Evolution: In kleinen Schritten wird das Objekt verbessert, respektive der Berg bestiegen.

In der Technik wird ein Prozess, der für ein gegebenes Problem eine beste Lösung (Optimum) sucht, als **Optimierung** bezeichnet (Abb. 2). **Evolutionsstrategie** heißt das Optimierungsverfahren, das die Mechanismen der biologischen Evolution, Variation und Selektion mathematisch formuliert und umsetzt.

Die Evolutionsstrategie als **Optimierungsverfahren** dient zur Lösung unterschiedlichster Probleme, z. B. zur Konstruktion einer Bogenbrücke (S. 93, Abb. 1). Voraussetzung für die Optimierung ist die Bereitstellung einer variierbaren Beschreibung des zu optimierenden Systems. Beispielsweise können entsprechende Prototypen angefertigt werden, die eine einmalige Bewertung zulassen, oder man verwendet einstellbare Systeme. Mit Computermodellen lassen sich die Variationen häufig problemlos durchführen.

Zum Optimieren mit der Evolutionsstrategie ist es notwendig, die Individuen (Nachkommen, Varianten) zu bewerten oder mindestens eine Rangfolge der variierten Nachkommen einer Generation anzugeben, z. B. hinsichtlich Schnelligkeit, Stärke oder, wie im Beispiel der Bogenbrücke, Materialbedarf. Die Bewertung kann experimentell am realen Objekt oder durch Simulation am Computer erfolgen. Jedem Nachkommen wird eine Art Benotung zugewiesen, die **Qualität.** Diese erlaubt es, die bessere Variante zu selektieren.

Während der Optimierung werden die Variablen der Elternindividuen variiert. Mit den variierten Eigenschaften werden Nachkommen realisiert, dann bewertet. Die Besten sind die Eltern der nächsten Generation (Abb. 2).

Ein zentrales Prinzip der Evolutionsstrategie ist die Selbstanpassung der **Mutationsrate.** Nur wenn sich die Mutationsrate innerhalb des **Evolutionsfensters** (Abb. 3) befindet, arbeitet die Evolutionsstrategie mit zufriedenstellender Fortschrittsgeschwindigkeit. Die richtige Mutationsrate ist u. a. abhängig von der Entfernung vom Optimum. Ist das Optimum noch in weiter Ferne, so ist die richtige Mutationsrate höher, als wenn das Ziel in der Nähe ist. Das Evolutionsfenster lässt sich auch gesellschaftspolitisch interpretieren. Links vom Evolutionsfenster agieren die Konservativen und erzielen mit ihren zu kleinen Veränderungen kaum Fortschritte. Rechts davon bewegen sich die Revolutionäre und sind mit ihren fundamentalen Erneuerungen nicht besser. Der richtige Weg liegt wie so häufig in der Mitte. Eine der Regeln für das Adaptieren der Mutationsrate ist die **1 : 5-Erfolgsregel.** Sie besagt: Die optimale Mutationsrate ist dann erreicht, wenn nur jeder fünfte Nachkomme besser ist als der Elter. Das bedeutet, dass von fünf Versuchen vier Fehlversuche sind. Die Evolutionsstrategie wird in der Industrie zur Kostenoptimierung von Fertigungsabläufen, beim Entwickeln sicherer Reifenprofile oder leistungsfähigerer Stahllegierungen angewendet.

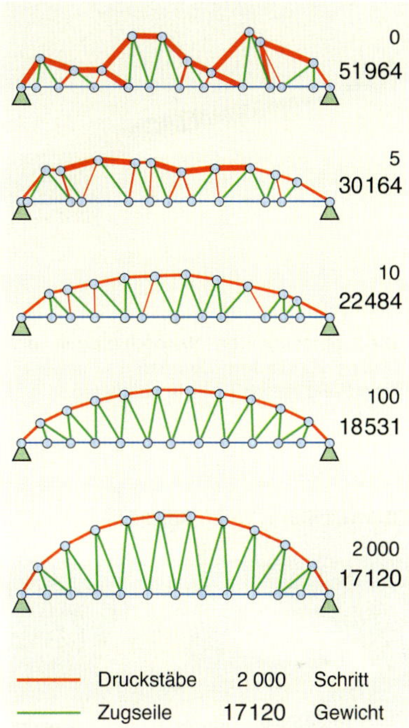

1 Verschiedene Realisierungen einer Bogenbrücke im Verlauf einer evolutionsstrategischen Optimierung auf dem Computer. Variiert werden die Koordinaten der Knotenpunkte (dort wo 2 oder 3 Stäbe aufeinandertreffen), wobei die unteren Punkte (Fahrbahn) nur in der Horizontalen variiert werden. Jede Variante wird vom Computer derart dimensioniert, dass die Lasten schadensfrei aufgenommen werden können. Das Gewicht der Brücke ist die Qualität. Weniger Gewicht bedeutet weniger Materialaufwand und somit weniger Kosten.

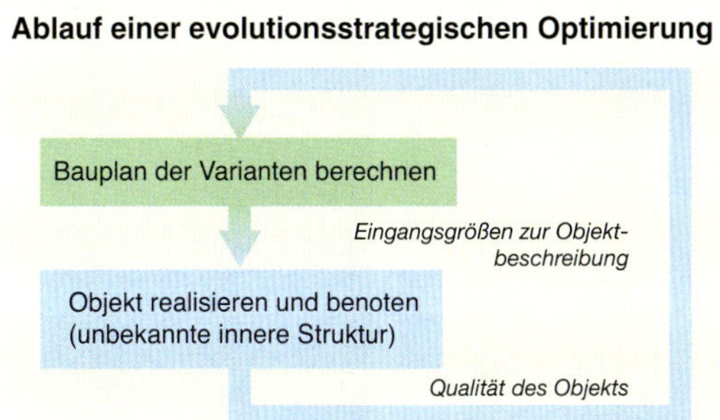

2 Die Evolutionsstrategie, wie die biologische Evolution, kennt die Struktur des Optimierungsproblems nicht. In der Natur wird die Erbinformation, also der Bauplan, verändert, in der Evolutionsstrategie werden Variablen geändert.

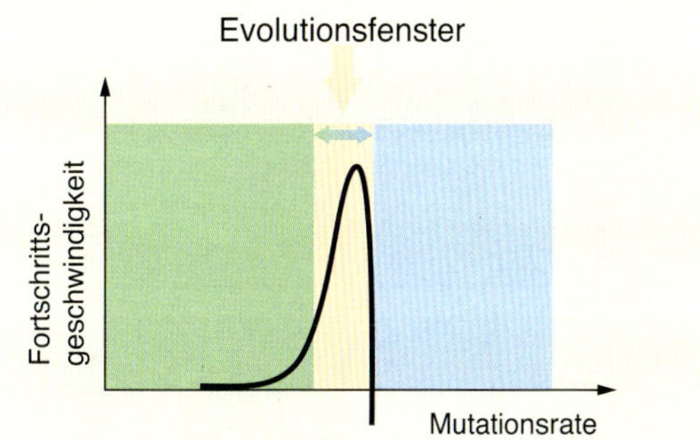

3 Ist die Mutationsrate zu klein, wird kaum Fortschritt erreicht. Ist die Mutationsrate zu groß, wird auch kein Fortschritt erreicht, weil die Schritte viel zu groß sind. Also muss die Mutationsrate in einem optimalen Bereich liegen, im Evolutionsfenster.

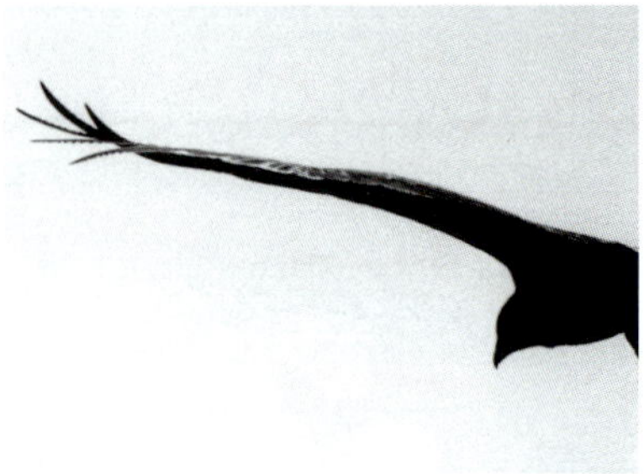

1 **Die aufgespreizten Handschwingen des Milans vermindern den Strömungswiderstand und helfen Energie zu sparen.**

2 **Randwirbel am Tragflügelmodell. Die beiden Randwirbel verursachen einen erheblichen Strömungswiderstand.**

Evolution einer vogelähnlichen Flügelaufspreizung

An einem Tragflügel kommt es an den beiden äußeren Flügelenden durch die Druckunterschiede zwischen der Tragflügeloberseite (Sog) und -unterseite (Druck) zum Umströmen der äußeren Flügelenden (s. S. 72). Als Folge wird an den beiden Flügelenden ein Randwirbel erzeugt. Die Randwirbel beinhalten erhebliche Energie, die vom Vogel oder Flugzeug als Widerstandsarbeit aufgebracht werden muss. Über ein Drittel der Antriebsleistung wird für das Überwinden der Randwirbel benötigt. Um die Energie der Randwirbel und damit den Strömungswiderstand zu mindern, hat sich im Verlauf der biologischen Evolution bei vielen Vögeln die Aufspreizung der Flügelenden entwickelt (Abb. 1).

Die Evolution einer vogelähnlichen Flügelaufspreizung soll im Windkanal nachgespielt werden. Biegsame Bleistreifen am Übergang zwischen dem Basisflügel und den aufgespreizten Flügelenden bilden ein Gelenk und machen den Flügel veränderbar, mutierbar. In einer speziellen Einstellvorrichtung lassen sich die Anstell- und Spreizwinkel nach Vorgabe des evolutionsstrategischen Computerprogramms einstellen. Die Evolutionsstrategie gibt in diesem Fall zwölf variierte Spreizflügelvarianten aus, die am Modell eingestellt und im Windkanal vermessen werden. Die vier Nachkommen-Nummern mit den strömungsgünstigsten Messwerten (Verhältnis Auftrieb zu Widerstand) werden als Eltern der neuen Generation in den Computer eingetippt und das Programm druckt zwölf neue mutierte und rekombinierte Nachkommen aus. Der Generationszyklus wiederholt sich.

Als Ergebnis nach 19 Generationen zeigt sich, ausgehend von einer nicht aufgespreizten Konfiguration, eine Aufspreizung, die ähnlich aussieht wie die des Vogels. Im Vergleich zu einem nicht gespreizten Flügel gleichen Grundrisses ist die im Windkanal evolvierte Aufspreizung um etwa 10 % strömungsgünstiger.

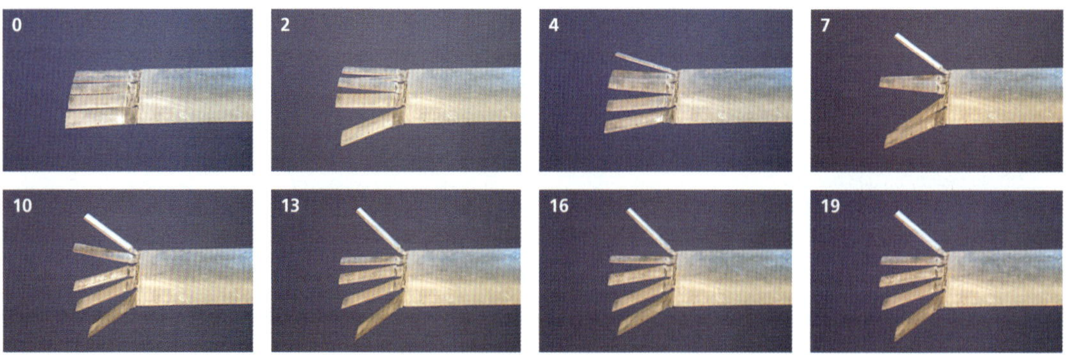

3 **Evolutionsverlauf der aufgespreizten Flügelenden im Windkanal. Die Generation ist jeweils links oben angegeben. Das Ergebnis der 19. Generation ähnelt der Aufspreizung am Vogelflügel.**

Aufgaben

1. Nenne bemerkenswerte Leistungen aus der Pflanzen- und Tierwelt! Suche nach technischen Entsprechungen!

2. Beschreibe an einem Beispiel den Ablauf der Evolutionsprozesse in der Natur! Recherchiere zum Thema „Industriemelanismus" als Beispiel für die Selektion!

3. Stelle die beiden Möglichkeiten der Variation bei biologischen Evolutionsprozessen, Mutation und Rekombination schematisch dar! Nutze Biologiebücher!

4. Erläutere, was man unter dem *Evolutionsfenster* versteht!

5. Auch die Entstehung von Mimikry kann als Optimierungsproblem betrachtet werden. Zum Schutz gegen Fressfeinde haben einige giftige oder schlecht schmeckende Tierarten eine besonders auffällige Körperzeichnung. So können die Räuber lernen, dass Tiere mit diesen Merkmalen nicht bekömmlich sind. Das machen sich nun andere Tierarten zunutze, indem sie diese auffällige Körperzeichnung kopieren. So schrecken die Räuber auch vor diesen harmlosen Tieren zurück. Diese Art der Tarnung wird Mimikry genannt.
   Mimikry wird bei Schmetterlingen in den Tropen beobachtet, aber auch bei Wespen und Schwebfliegen in Mitteleuropa.

   Probiere die Evolutionsstrategie aus und vollziehe mit deiner Klasse die Entstehung von Mimikry in vereinfachter Form nach!

   Vorbereitung:
   a) Informiere dich, was man in der Biologie unter dem Begriff Mimikry versteht!
   b) Material: kariertes Papier, Stift, 1 Münze pro Teilnehmer, 1 Würfel pro Teilnehmer

   Durchführung:
   Das Muster stellt das Aussehen eines Schmetterlings dar. Es soll durch Mutation und Selektion ausgehend von einem beliebigen anderen Muster erreicht werden.

   a) Ein Schüler, der Selektionsleiter, zeichnet ein beliebiges Startmuster („Elter") an die Tafel und übernimmt die Koordination des Selektionsprozesses.
   b) Jeder Schüler kopiert den Elter von der Tafel auf sein Blatt.
   c) Jeder Schüler wirft zweimal einen Würfel. Die Augenzahl des ersten Wurfs erzeugt die Zeilennummer, die des zweiten die Spaltennummer des Felds, das verändert wird (Mutation). Beispiel: Wenn zuerst eine 2 gewürfelt wird, danach eine 4, so wird das Feld der zweiten Zeile und der vierten Spalte invertiert (von Schwarz auf Weiß bzw. von Weiß auf Schwarz).
   d) Jeder wirft eine Münze. Zeigt sie die Zahl, wird Schritt c einmal wiederholt.
   e) Danach zählt jeder Schüler die Felder, die zwischen Vorbild und seinem erzeugten Nachkommen unterschiedlich sind, und meldet sein Ergebnis dem Selektionsleiter. Es wird der Nachkomme mit dem kleinsten Unterschied bestimmt (bei Gleichstand entscheidet das Los). Der beste Nachkomme wird zum Elter der nächsten Generation bestimmt (Selektion).
   f) Der Elter wird an die Tafel gezeichnet. Die nächste Generation beginnt mit dem Schritt a.
   g) Die Schritte b bis f werden so lange wiederholt, bis das Muster dem hier abgebildeten gleicht oder annährend erreicht ist.